ウェブマスター検定 3級

WEBMASTER CERTIFICATE

公式問題集
2024・2025年版

一般社団法人 全日本SEO協会 編

C&R研究所

■本書の内容について

● 本書は編集者が実際に操作した結果を慎重に検討し、著述・編集しています。ただし、本書の記述内容に関わる運用結果にまつわるあらゆる損害・障害につきましては、責任を負いませんのであらかじめご了承ください。

● 本書の内容についてのお問い合わせについて

この度はC&R研究所の書籍をお買い上げいただきましてありがとうございます。本書の内容に関するお問い合わせは、「書名」「該当するページ番号」「返信先」を必ず明記の上、C&R研究所のホームページ(https://www.c-r.com/)の右上の「お問い合わせ」をクリックし、専用フォームからお送りいただくか、FAXまたは郵送で次の宛先までお送りください。お電話でのお問い合わせや本書の内容とは直接的に関係のない事柄に関するご質問にはお答えできませんので、あらかじめご了承ください。

〒950-3122 新潟県新潟市北区西名目所4083-6　株式会社 C&R研究所　編集部
FAX 025-258-2801
「ウェブマスター検定 公式問題集 3級 2024・2025年版」サポート係

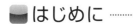 **はじめに**

　近年、多くの企業がウェブサイトを作成し、売り上げを増やそうとしています。しかし、満足のいく売り上げを達成しているウェブサイトは多くはありません。その理由は、集客力の高いウェブサイト作成に必要ないくつかの相反する「センス＝感覚・感性」を身に付けることが難しいからです。

　デザインのセンスだけがある人がウェブサイトを作成しても、商品の魅力を言葉で伝えるのには限界があるでしょう。商品の魅力を伝えるライティング力の高い人がウェブサイトを作成しても、ビジネスのセンスがなければ売り上げは増えないでしょう。ビジネスのセンスがある人がウェブサイトを作成しても、ウェブの技術が何をどこまで可能にするのかを知らなければ空回りするだけではないでしょうか。

　つまり、自社サイトをたくさんの訪問者に見てもらい、商品・サービスを申し込んでもらうためにはビジネス、デザイン、コミュニケーション、技術の4つのセンスを持つ必要があるのです。

　私たち執筆者がこれまで出会ったウェブ担当者や経営者の中で、ウェブ集客に成功している方々のほとんどが例外なく、これら4つのセンスを持っていました。もちろん、これら4つのセンスを完全に習得することは簡単なことではありません。しかし、完全に習得できなくても最低限それらの意味を知るだけでも十分です。

　これら4つのセンスをバランスよく持っていただくためにウェブマスター検定3級公式テキストでは、「ウェブサイト制作の流れ10のステップ」を解説しています。本来であればこれらを身に付けるためには何十冊もの本を読み、スクールにも通う必要があるはずです。しかし、本書の狙いはこの1冊を読むだけで読者の皆さんに実践的な知識が身に付くことを目指しています。

　これらの知識をあらゆる層の人たちに身に付けてもらうために本書では100問の問題を掲載し、その解答と解説を提供しています。そして検定試験の合格率を高めるために本番試験の仕様と同じ80問にわたる模擬試験問題とその解答、解説を掲載しています。

　読者の皆さまが本書を活用して3級の試験に合格し、企業のウェブサイトを成功に導く任務を担うウェブ担当者、マネージャー、経営者、そしてウェブ制作に関わるプロフェッショナルになり、社会の発展に貢献することを願っています。

2023年9月

一般社団法人全日本SEO協会

■本書の使い方 ·······

●チェック欄
自分の解答を記入したり、問題を解いた回数をチェックする欄です。合格に必要な知識を身に付けるには、複数回、繰り返し行うと効果的です。適度な間隔を空けて、3回程度を目標にして解いてみましょう。

●問題文
公式テキストに対応した問題が出題されています。左ページの問題と右ページの正解は見開き対照になっています。

WEBMASTER CERTIFICATION TEST 3rd GRADE

第9問

Q ウェブサイトのデザインの目的に関して、最も適切なものはどれか? ABCDの中から1つ選びなさい。

A:企業のブランディングを主要な目的としている。

B:サイト訪問者の情報アクセスを難しくするため。

C:美しいサイトのデザインをすることを目指すため。

D:売り上げを増やすことを最終的な目標としている。

第10問

Q 次の文中の空欄[1]と[2]に入る最も適切な語句の組み合わせをABCDの中から1つ選びなさい。

直感や勢い、思いつきで[1]をスタートするのではなく、面倒でも一度立ち止まって[2]を設定するべきである。サイトを作っても売り上げが思うように増えなければそのプロジェクトは失敗に終わるからである。

A:[1]サイトゴール　　　[2]サイトデザイン

B:[1]サイトデザイン　　[2]サイトプランニング

C:[1]サイト制作　　　　[2]サイトゴール

D:[1]サイトデザイン　　[2]サイト構造

　本書は、反復学習を容易にする一問一答形式になっています。左ページには、ウェブマスター検定3級の公式テキストに対応した問題が出題されています。解答はすべて四択形式で、右ページにはその解答と解説を記載しています。学習時には右ページを隠しながら、左ページの問題を解いていくことができます。

　解説欄では、解答だけでなく、解説も併記しているので、単に問題の正答を得るだけでなく、解説を読むことで合格に必要な知識を身に付けることもできます。

　また、巻末には本番試験の仕様と同じ80問にわたる模擬試験問題とその解答、解説を掲載しています。白紙の解答用紙も掲載していますので、試験直前の実力試しにお使いください。

●章タイトル
分野ごとに章分けしています。

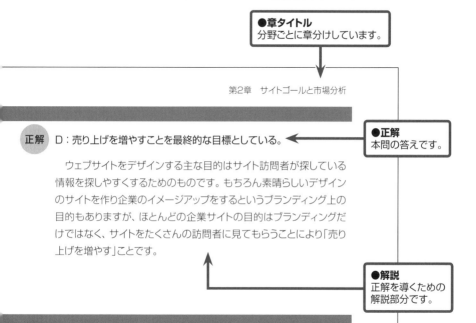

第2章　サイトゴールと市場分析

正解　D：売り上げを増やすことを最終的な目標としている。

●正解
本問の答えです。

　ウェブサイトをデザインする主な目的はサイト訪問者が探している情報を探しやすくするためのものです。もちろん素晴らしいデザインのサイトを作り企業のイメージアップをするというブランディング上の目的もありますが、ほとんどの企業サイトの目的はブランディングだけではなく、サイトをたくさんの訪問者に見てもらうことにより「売り上げを増やす」ことです。

●解説
正解を導くための解説部分です。

正解　C：[1]サイト制作　[2]サイトゴール

　直感や勢い、思いつきでサイト制作をスタートするのではなく、面倒でも一度立ち止まってサイトゴールを設定しましょう。サイトを作っても売り上げが思うように増えなければそのプロジェクトは失敗に終わります。失敗すればそこから立ち直るのにさらに多くの資金と労力が必要になります。サイトゴールを設定するのに数時間、数日間かかったとしても、失敗から立ち直るための何百時間、何百万円を節約することができるのです。

ウェブマスター検定3級　試験概要

III 運営管理者

《出題問題監修委員》　　　　東京理科大学工学部情報工学科　教授　古川利博

《出題問題作成委員》　　　　一般社団法人全日本SEO協会　代表理事　鈴木将司

《特許・人工知能研究委員》　一般社団法人全日本SEO協会　特別研究員　郡司武

《モバイル技術研究委員》　　アロマネット株式会社 代表取締役　中村 義和

《構造化データ研究委員》　　一般社団法人全日本SEO協会　特別研究員　大谷将大

《システム開発研究委員》　　エムディーピー株式会社　代表取締役　和栗実

《DXブランディング研究委員》DXブランディングデザイナー　春山瑞恵

《法務研究委員》　　　　　　吉田泰郎法律事務所　弁護士　吉田泰郎

III 受験資格

学歴、職歴、年齢、国籍等に制限はありません。

III 出題範囲

『ウェブマスター検定 公式テキスト 3級』の第1章から第8章までの全ページ

『ウェブマスター検定 公式テキスト 4級』の第1章から第8章までの全ページ

- ●公式テキスト

  URL https://www.ajsa.or.jp/kentei/webmaster/3/textbook.html

III 合格基準

得点率80%以上

- ●過去の合格率について

  URL https://www.ajsa.or.jp/kentei/webmaster/goukakuritu.html

III 出題形式

選択式問題　80問

試験時間　60分

III 試験形態

所定の試験会場での受験となります。

- ●試験会場と試験日程についての詳細

  URL https://www.ajsa.or.jp/kentei/webmaster/3/schedule.html

▐▐▐ 受験料金

5,000円（税別）/1回（再受験の場合は同一受験料金がかかります）

▐▐▐ 試験日程と試験会場

- 試験会場と試験日程についての詳細

  `URL` https://www.ajsa.or.jp/kentei/webmaster/3/schedule.html

▐▐▐ 受験票について

受験票の送付はございません。お申し込み番号が受験番号になります。

▐▐▐ 受験者様へのお願い

試験当日、会場受付にてご本人様確認を行います。身分証明書をお持ちください。

▐▐▐ 合否結果発表

合否通知は試験日より14日以内に郵送により発送します。

▐▐▐ 認定証

認定証発行料金無料（発行費用および送料無料）

▐▐▐ 認定ロゴ

合格後はご自由に認定ロゴを名刺や印刷物、ウェブサイトなどに掲載できます。認定ロゴは
ウェブサイトからダウンロード可能です（PDFファイル、イラストレータ形式にてダウンロード）。

▐▐▐ 認定ページの作成と公開

希望者は全日本SEO協会公式サイト内に合格証明ページを作成の上、公開できます（プロ
フィールと写真、またはプロフィールのみ）。

- 実際の合格証明ページ

  `URL` https://www.zennihon-seo.org/associate/

目次 bar

CONTENTS

第 1 章

ウェブサイト制作の流れ

第1問

Q ウェブサイトを制作する流れとして最も適切なものはどれか？ ABCDの中から1つ選びなさい。

A：サイトゴールの設定→市場分析→ターゲットユーザーの設定→
　　ペルソナの作成→サイトマップの作成→ワイヤーフレームの作成
　　→デザインカンプの作成→コンテンツの作成→HTMLとCSSの
　　コーディング→プログラミング

B：市場分析→サイトゴールの設定→ターゲットユーザーの設定→
　　ペルソナの作成→サイトマップの作成→ワイヤーフレームの作
　　成→デザインカンプの作成→コンテンツの作成→プログラミング
　　→HTMLとCSSのコーディング

C：サイトゴールの設定→市場分析→ペルソナの作成→ターゲット
　　ユーザーの設定→サイトマップの作成→ワイヤーフレームの作成
　　→デザインカンプの作成→コンテンツの作成→HTMLとCSSの
　　コーディング→プログラミング

D：市場分析→サイトゴールの設定→ターゲットユーザーの設定→
　　ペルソナの作成→サイトマップの作成→ワイヤーフレームの作成
　　→コンテンツの作成→デザインカンプの作成→HTMLとCSSの
　　コーディング→プログラミング

第2問

Q ウェブサイトの制作を始める前に取るべきアクションについての説明として、次の選択肢ABCDの中から最も適切なものを1つ選びなさい。

A：サイトゴールを曖昧にして、柔軟性を持たせることで関わる人々
　　の協力が容易になる。

B：サイトゴールを明確に決めることで、プロジェクトに関わる人々が
　　同じ方向を目指して協力することが可能になる。

C：サイトゴールの決定は経験が豊富なデザイナーや開発者に任せ、
　　経験値が低い発注側は関与しなくてもよい。

D：ウェブサイトの制作を始める前にはサイトゴールよりもデザイン
　　の方向性を最初に決めるべきである。

正解　A：サイトゴールの設定→市場分析→ターゲットユーザーの設定→
　　　　ペルソナの作成→サイトマップの作成→ワイヤーフレームの作成
　　　　→デザインカンプの作成→コンテンツの作成→HTMLとCSSの
　　　　コーディング→プログラミング

　ウェブサイトを社内で作るのか、制作会社に外注するのかにかかわ
らず、ウェブサイトを制作するには次の10のステップを知る必要があ
ります。

【STEP 1】サイトゴールの設定
【STEP 2】市場分析
【STEP 3】ターゲットユーザーの設定
【STEP 4】ペルソナの作成
【STEP 5】サイトマップの作成
【STEP 6】ワイヤーフレームの作成
【STEP 7】デザインカンプの作成
【STEP 8】コンテンツの作成
【STEP 9】HTMLとCSSのコーディング
【STEP 10】プログラミング

正解　B：サイトゴールを明確に決めることで、プロジェクトに関わる人々が
　　　　同じ方向を目指して協力することが可能になる。

　ウェブサイトの制作を始める前のステップとしてサイトゴールを明
確に決めることによりプロジェクトに関わる人々が同じ方向を目指して
協力し合うことが可能になります。

第3問

次の文中の空欄[　]に入る最も適切な語句をABCDの中から1つ選びなさい。

ターゲットユーザーとは、[　]のことである。ウェブサイトに載せるテキストや画像などのコンテンツを作る際に、ターゲットとするユーザーを明確にすると、ユーザーに訴求力の高いコンテンツが作りやすくなる。

A：企業が市場調査をする上で参考にしない特定の購入者層
B：個人が商品・サービスを知ろうとする一般的な購入者層
C：ユーザーが商品・リービスを買おうとする特定の販売者層
D：企業が商品・サービスを売ろうとする特定の購入者層

第4問

次の文中の空欄[1]と[2]に入る最も適切な語句の組み合わせをABCDの中から1つ選びなさい。

サイト全体の構成案をわかりやすい図や表にしたものがサイトマップである。サイトマップにはサイト全体の構成イメージを決めるための[1]と、サイト内に置く各ページの仕様を細かく決める[2]の2つがある。

A：[1]パーソナルサイトマップ　　　　[2]パブリックサイトマップ
B：[1]ハイレベルサイトマップ　　　　[2]パーソナルサイトマップ
C：[1]ディレクトリマップ　　　　　　[2]詳細サイトマップ
D：[1]ハイレベルサイトマップ　　　　[2]詳細サイトマップ

正解　D：企業が商品・サービスを売ろうとする特定の購入者層

　　市場環境を知った後は、その市場にいるターゲットユーザーを定める方法を学びます。ターゲットユーザーとは、企業が商品・サービスを売ろうとする特定の購入者層のことです。ウェブサイトに載せるテキストや画像などのコンテンツを作る際に、ターゲットとするユーザーを明確にすると、ユーザーに訴求力の高いコンテンツが作りやすくなります。

正解　D：[1]ハイレベルサイトマップ　[2]詳細サイトマップ

　　ターゲットが明確になった後は、サイトにどのようなページが必要なのかを予測して、サイト全体の構成案を決めます。サイト全体の構成案をわかりやすい図や表にしたものがサイトマップです。サイトマップにはサイト全体の構成イメージを決めるための「ハイレベルサイトマップ」と、サイト内に置く各ページの仕様を細かく決める「詳細サイトマップ」（ディレクトリマップとも呼ばれます）の2つがあります。

第5問

Q ワイヤーフレームに関する説明として、最も正確なものはどれか？　ABCD の中から1つ選びなさい。

1回目

2回目

3回目

A：ワイヤーフレームは、ウェブページのカラー設計や、フォント設定 などの細かいデザイン要素を詳細に示すものである。

B：ワイヤーフレームは、ウェブページのJavaScriptやPHPプログ ラムの構造や動作の設計をするものである。

C：ワイヤーフレームは、ウェブページのレイアウトやコンテンツの配 置を示すシンプルな設計図のことである。

D：ワイヤーフレームは、ウェブページのマーケティング戦略やター ゲットユーザーの詳細を示すものである。

第6問

Q 次の文中の空欄[1]と[2]に入る最も適切な語句の組み合わせをABCD の中から1つ選びなさい。

1回目

2回目

3回目

UIとは、[1]の略で、ユーザーがウェブサイト内で閲覧、操作する要素のこ とでである。一方、UXとは[2]の略でユーザー体験を意味する。ユーザー がウェブサイトを利用することにより得られる体験と感情のことである。

A：[1]User Interesting 　　[2]User Excitement
B：[1]User Interface 　　[2]User Experience
C：[1]User Inexpensive 　　[2]User Experience
D：[1]User Interface 　　[2]User Excitement

正解 C：ワイヤーフレームは、ウェブページのレイアウトやコンテンツの配置を示すシンプルな設計図のことである。

　サイト全体の構成と1つひとつのページの仕様が決まったら、次のステップは主要なページのデザインのもととなる「ワイヤーフレーム」の作成です。ワイヤーフレームとはウェブページのレイアウトやコンテンツの配置を決めるシンプルな設計図のことです。

正解 B：[1]User Interface　[2]User Experience

　UIとは、User Interfaceの略で、ユーザーがウェブサイト内で閲覧、操作する要素のことです。一方、UXとはUser Experienceの略でユーザー体験を意味します。ユーザーがウェブサイトを利用することにより得られる体験と感情のことです。この「UI」と「UX」という概念は、ユーザーに好まれるウェブサイトを作る上で知らなくてはならない重要なものです。

第7問

Q 次の選択肢の中で、コーディングに関する最も正確な説明はどれか?
ABCDの中から1つ選びなさい。

A：コーディングは、ウェブページの色やスタイルを調整する工程である。

B：コーディングは、言語を用いてウェブページを実体化する工程である。

C：コーディングは、ウェブサイトの内容を作成する工程である。

D：コーディングは、ウェブページの概要や構造を設計する工程である。

第8問

Q 次の選択肢の中で、クライアントサイドプログラムに関する説明として最も適切なものをABCDの中から1つ選びなさい。

A：クライアントサイドプログラムは、サーバー側で実行される高機能なプログラムである。

B：クライアントサイドプログラム は、主 にPython、PHP、Javaなどを使用して開発される。

C：クライアントサイドプログラムは、ユーザーのデバイス上で動作し、ポップアップや画像の切り替えなどを行う。

D：クライアントサイドプログラムは、ユーザーのアクションに対してサーバー側で実行されるプログラムである。

正解 B：コーディングは、言語を用いてウェブページを実体化する工程である。

　ウェブページは「HTML」や「CSS」のコーディングをすることにより実体化します。コーディングとは、HTMLやCSSなどのマークアップ言語や「JavaScript」や「PHP」などのプログラミング言語を用いてソースコードを書くことをいいます。

正解 C：クライアントサイドプログラムは、ユーザーのデバイス上で動作し、ポップアップや画像の切り替えなどを行う。

　「クライアントサイドプログラム」とは、パソコンやタブレット、スマートフォンなどのクライアント側、つまりユーザー側のデバイス（情報端末）上で実行されるプログラムです。クリックするとメニューが表示されるポップアップメニューや画像が自動的に切り替わるような軽めのプログラムは、すべてクライアントサイドプログラムが実行します。その中でも最も使用されているものが「JavaScript」です。

第2章

サイトゴールと市場分析

第9問

Q ウェブサイトのデザインの目的に関して、最も適切なものはどれか?
ABCDの中から1つ選びなさい。

A:企業のブランディングを主要な目的としている。

B:サイト訪問者の情報アクセスを難しくするため。

C:美しいサイトのデザインをすることを目指すため。

D:売り上げを増やすことを最終的な目標としている。

第10問

Q 次の文中の空欄[1]と[2]に入る最も適切な語句の組み合わせをABCD
の中から1つ選びなさい。

　直感や勢い、思いつきで[1]をスタートするのではなく、面倒でも一度立ち止まって[2]を設定するべきである。サイトを作っても売り上げが思うように増えなければそのプロジェクトは失敗に終わるからである。

A:[1]サイトゴール　　　[2]サイトデザイン

B:[1]サイトデザイン　　[2]サイトプランニング

C:[1]サイト制作　　　　[2]サイトゴール

D:[1]サイトデザイン　　[2]サイト構造

正解 D：売り上げを増やすことを最終的な目標としている。

　ウェブサイトをデザインする主な目的はサイト訪問者が探している情報を探しやすくするためのものです。もちろん素晴らしいデザインのサイトを作り企業のイメージアップをするというブランディング上の目的もありますが、ほとんどの企業サイトの目的はブランディングだけではなく、サイトをたくさんの訪問者に見てもらうことにより「売り上げを増やす」ことです。

正解 C：[1]サイト制作　[2]サイトゴール

　直感や勢い、思いつきでサイト制作をスタートするのではなく、面倒でも一度立ち止まってサイトゴールを設定しましょう。サイトを作っても売り上げが思うように増えなければそのプロジェクトは失敗に終わります。失敗すればそこから立ち直るのにさらに多くの資金と労力が必要になります。サイトゴールを設定するのに数時間、数日間かかったとしても、失敗から立ち直るための何百時間、何百万円を節約することができるのです。

第11問

Q ウェブマーケティングにおける市場分析の目的として、最も正しく説明されているものはどれか？　ABCDの中から1つ選びなさい。

A：自社の商品やサービスの品質を確保するために、各部署との連携を強化し、市場での評価を高めるための戦略を計画するため。

B：自社が属する業界の動向や顧客ニーズを調査し、新規事業の立ち上げや既存商品の改善方針を判断するため。

C：企業の内部文化や働く環境を向上させるために、社員のモチベーションや経営者の意向を詳細に分析し、組織全体の働き方改革を推進するため。

D：他社との協力関係を深く理解し、業界内での位置付けやブランド力を強化するための長期的な戦略を構築するため。

第12問

Q 次の文中の空欄[1]、[2]、[3]に入る最も適切な語句の組み合わせをABCDの中から1つ選びなさい。

その[1]が成長しつつあるのか、衰退しているのか、横ばいなのかによって、ウェブサイトを[2]する価値があるのかを考えるべきである。[2]するとしたらどのくらいまでの資金や時間なら投資する価値があるのかを考え、そのサイトを[2]するのかどうかを決めるという経営判断が[3]に求められる。

A：[1]企業　　　　[2]構築　　　　[3]制作者

B：[1]市場　　　　[2]構築　　　　[3]経営者

C：[1]企業　　　　[2]制作　　　　[3]制作者

D：[1]市場　　　　[2]制作　　　　[3]経営者

正解 B：自社が属する業界の動向や顧客ニーズを調査し、新規事業の立ち上げや既存商品の改善方針を判断するため。

　サイトゴールの実現可能性が高いか低いかを判断するためには、市場分析をする必要があります。市場分析とは、自社が属する業界の動向、顧客ニーズ、市場規模などを調査し、分析することです。分析したデータに基づいて新規事業を始めるか、既存の商品・サービスをどのように改善し販売するかなどを判断します。

正解 D：[1]市場　[2]制作　[3]経営者

　その市場が成長しつつあるのか、衰退しているのか、横ばいなのかによって、ウェブサイトを制作する価値があるのかを考えます。制作するとしたらどのくらいまでの資金や時間なら投資する価値があるのかを考え、そのサイトを制作するのかどうかを決めるという経営判断が経営者に求められます。

第13問

Q 次の文中の空欄[1]と[2]に入る最も適切な語句の組み合わせをABCDの中から1つ選びなさい。

[1]の規模が大きく、成長率が高ければ誰もが商品・サービスをたくさん売ることができるということはない。たくさんの商品・サービスを売るには、[2]が現在何に困っているか、その市場の中で何を求めているかを知る必要がある。

A：[1]商材　　　[2]消費者
B：[1]市場　　　[2]経営者
C：[1]商材　　　[2]担当者
D：[1]市場　　　[2]消費者

第14問

Q 市場の消費者がどのような課題を抱えているかを知る方法に最も当てはまりにくいものはどれか？　ABCDの中から1つ選びなさい。

A：日々顧客からもらっている電話やメールによる問い合わせ情報を集計して考察する
B：これまで商品・サービスを購入してくれた顧客にアンケートの依頼をする
C：ウェブ調査会社に競合調査ツールを開発してもらい自社内で調査作業をする
D：市場調査会社に調査を依頼する

正解 D：[1]市場　[2]消費者

　市場の規模が大きく、成長率が高ければ誰もが商品・サービスをたくさん売ることができるということはありません。たくさんの商品・サービスを売るには、消費者が現在何に困っているか、その市場の中で何を求めているかを知る必要があります。

正解 C：ウェブ調査会社に競合調査ツールを開発してもらい自社内で調査作業をする

　市場の消費者がどのような課題を抱えているかを知るには次のような方法があります。
・市場調査会社に調査を依頼する
・アンケートサイトに登録してアンケート依頼をする
・これまで商品・サービスを購入してくれた顧客にアンケートの依頼をする
・日々顧客からもらっている電話やメールによる問い合わせ情報を集計して考察する

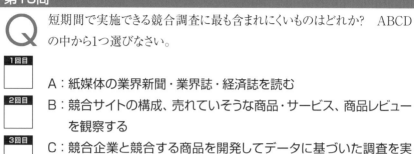

第15問

Q 短期間で実施できる競合調査に最も含まれにくいものはどれか？ ABCD の中から1つ選びなさい。

1回目

2回目

3回目

A：紙媒体の業界新聞・業界誌・経済誌を読む

B：競合サイトの構成、売れていそうな商品・サービス、商品レビュー を観察する

C：競合企業と競合する商品を開発してデータに基づいた調査を実 施する

D：業界動向データを発表しているサイトを見る

正解 C：競合企業と競合する商品を開発してデータに基づいた調査を実施する

　大きな予算をかけず、短期間で実施できる競合調査をするには次のような方法があります。
・競合調査会社に依頼する
・業界動向データを発表しているサイトを見る
・紙媒体の業界新聞・業界誌・経済誌を読む
・競合サイトの構成、売れていそうな商品・サービス、商品レビューを観察する
・競合調査ツールを利用する

第 3 章

ターゲットユーザーと
ペルソナ

第16問

Q ウェブサイトを作って商品・サービスを販売する際に大雑把なターゲットの決め方として適切ではないものはどれか？ ABCDの中から1つ選びなさい。

1回目

2回目

A：B2B

B：D2D

3回目

C：B2G

D：D2C

第17問

Q B2Cとしてビジネスをしている可能性が最も低い業種はどれか？ ABCDの中から1つ選びなさい。

1回目

A：女性向け整体院

2回目

B：男性向け美容室

C：エステサロン

3回目

D：ウェブ制作会社

正解 B：D2D

　ウェブサイトを作って商品・サービスを販売するにはあらかじめ、ターゲットを明確にしておくことが重要です。ターゲットとは、「標的」を意味する英語で、企業がマーケティング（価値ある商品・サービスを提供するための活動・仕組み）する対象となる特定の購入者層や、広告の対象とする特定の層の人々のことをいいます。

　ターゲットを決めるときに、最も大雑把な決め方として取引相手の種類によって区分する呼び方があります。

・消費者向け：B2C

・企業向け：B2B

・政府・自治体向け：B2G

・社員向け：B2E

・メーカーから消費者への直販：D2C

正解 D：ウェブ制作会社

　対象とするユーザーが個人の場合は、B2Cと呼ばれます。B2CとはBusiness to Consumerの略で、企業と一般消費者の間の取引を表します。アパレル販売のZOZOTOWNや、繁華街にあるエステサロンや整体院などは基本的に消費者向けの商品・サービスを提供しているので、消費者向け＝B2Cに分類されます。

第18問

Q B2Bサイトのターゲットユーザーに最も含まれにくいものはどれか？　ABCD
の中から1つ選びなさい。

A：宮城県内の建設業

B：東京都内在住の30代男性

C：東北地方の中小企業

D：全国にある中小規模の製造業

第19問

Q B2Cのサイトのターゲットユーザーを設定する際に決めるペルソナの設定
に最も含まれにくいものはどれか？　ABCDの中から1つ選びなさい。

A：関心事

B：資本金

C：収入

D：職種

正解　B：東京都内在住の30代男性

　　使用するターゲットユーザーの属性を決めた後は、それぞれの属性を含めたターゲットユーザーを定義します。B2B（企業向け）サイトのターゲットユーザーの例は次の通りです。

・東北地方の中小企業
・大阪市とその近隣市町村区にある学校
・首都圏に事業所がある上場企業
・全国にある中小規模の製造業
・横浜市内の医療機関
・宮城県内の建設業

正解　B：資本金

　　ペルソナはターゲットユーザーをさらに深堀りしたものです。B2Cのサイトのターゲットユーザーを設定する際には次のユーザー属性を用います。

・年齢
・性別
・職業
・居住地域

　　ペルソナではこの他に下記を設定することが一般的です。

・職種
・地位
・収入
・関心事
・国籍・民族

第 **4** 章

サイトマップと
ワイヤーフレーム

第20問

Q ウェブサイトに必要なページにはさまざまなものがある。その中でも、サイト内にどのようなページがあるかを示すページの組み合わせは次のうちどれか？　ABCDの中から1つ選びなさい。

A：サイトマップ、アクセスマップ
B：トップページ、ヘルプページ

C：アクセスマップ、トップページ
D：トップページ、サイトマップ

第21問

Q サイト上で無料で役立つコンテンツを提供することはサイトの訪問者数を増やす上で非常に重要である。それら無料で役立つコンテンツを提供するページに含まれにくいものはどれか？　ABCDの中から1つ選びなさい。

A：メールマガジンバックナンバーページ
B：基礎知識解説ページ
C：お客様の声ページ
D：コラム記事ページ

正解 　D：トップページ、サイトマップ

　ウェブサイトに必要なページにはさまざまなものがあります。その中でも、サイト内にどのようなページがあるかを示すページには、トップページとサイトマップがあります。

正解 　C：お客様の声

　サイト上で無料で役立つコンテンツを提供することはサイトの訪問者数を増やす上で非常に重要です。それら無料で役立つコンテンツを提供するページとしては次のようなものがあります。
・コラム記事ページ
・基礎知識解説ページ
・用語集ページ
・メールマガジン紹介ページ
・メールマガジンバックナンバーページ
・リンク集

　お客様の声ページは商品・サービスの信用を高めるために有効なページであるため、無料お役立ちコンテンツには含まれにくいです。

第22問

Q ワイヤーフレームを作るツールに含まれにくいものは次のうちどれか?
ABCDの中から1つ選びなさい。

1回目

2回目

3回目

A：Cacoo

B：PowerPoint

C：WireImpact

D：Figma

第23問

Q サイト内でユーザーがゴールに到達するために必要な情報要素に含まれ
にくい組み合わせはどれか?　ABCDの中から1つ選びなさい。

1回目

2回目

3回目

A：フッターメニュー、本文、見出し、テキストリンク

B：メインナビゲーション、アクセスマップ

C：ヘッダーナビゲーション、メインビジュアル

D：サイトロゴ、バナー、詳細画像、画像リンク

正解　C：WireImpact

　ワイヤーフレームを作るツールとしては、PowerPoint、Excel、Adobe Photoshop、Figmaのようなインストール型のものや、オンライン上で使う作画ツールのCacoo、Prottなどがあります（Figmaはオンライン上でも利用できます）。

正解　B：メインナビゲーション、アクセスマップ

　サイト内でユーザーがゴールに到達するためには、どのような情報要素が必要かを考えます。情報要素には、サイトロゴ、ヘッダーナビゲーション、見出し、メインビジュアル、本文、詳細画像、テキストリンク、画像リンク、バナー、フッターメニューなどがあります。

第 5 章

デザインカンプ

第24問

Q UIに含まれにくい要素の組み合わせはどれか？　ABCDの中から1つ選びなさい。

A：テキスト、動画

B：大見出し、CSS

C：画像、テキストリンク

D：ページ全体の構成

第25問

Q 次の文中の空欄[1]と[2]に入る最も適切な語句の組み合わせをABCDの中から1つ選びなさい。

[1]とは工業製品の設計・デザイン段階で試作される、外見を実物そっくりに似せて作られた実物大の完成模型のことである。ウェブデザインではあまり使われない言葉だが、[2]とほぼ同じ意味で使われる場合もある。

A：[1]モックマップ　　　[2]デザインマップ
B：[1]モックアップ　　　[2]デザインカンプ
C：[1]モックマップ　　　[2]カンプマップ
D：[1]モックアップ　　　[2]デザインマップ

正解 B：大見出し、CSS

　UIとは、User Interfaceの略で、ユーザーがウェブサイト内で閲覧、操作する要素のことです。ウェブデザインにおけるUIには次のものがあります。
・ページ全体の構成
・テキスト（文字）
・画像
・動画
・テキストリンク
・画像リンク
・テキスト入力欄

正解 B：[1]モックアップ　[2]デザインカンプ

　モックアップとは工業製品の設計・デザイン段階で試作される、外見を実物そっくりに似せて作られた実物大の完成模型のことです。ウェブデザインではあまり使われない言葉ですが、デザインカンプとほぼ同じ意味で使われる場合もあります。

第26問

Q 次の文中の空欄[1]と[2]に入る最も適切な語句の組み合わせをABCDの中から1つ選びなさい。

[1]が提供する多数のデザインテーマから自社の商材のイメージに適したものを選択すれば、ウェブデザインが自動的に完了する。また、[2]でウェブサイトを作成する際も、有料や無料のデザインテーマが多数配布されているので、それらを適用すればウェブデザインが自動的に完了する。

A：[1]ホームページ作成会社　　　　　[2]WordPress

B：[1]ホームページ作成サービス　　　[2]Adobe Photoshop

C：[1]ホームページ作成会社　　　　　[2]Adobe Illustrator

D：[1]ホームページ作成サービス　　　[2]WordPress

第27問

Q ウェブマスター検定3級公式テキストで推奨されるデザインカンプを作る手順はどれか？　ABCDの中から1つ選びなさい。

A：ワイヤーフレームを確認する→参考となるウェブサイトを探し観察する→PCサイトのレイアウトを決める→ナビゲーション設計をする→カラー設計をする→情報要素を配置する→モバイルサイトのレイアウトを決める

B：モバイルサイトのレイアウトを決める→参考となるウェブサイトを探し観察する→PCサイトのレイアウトを決める→ナビゲーション設計をする→カラー設計をする→情報要素を配置する→ワイヤーフレームを確認する

C：PCサイトのレイアウトを決める→参考となるウェブサイトを探し観察する→ワイヤーフレームを確認する→ナビゲーション設計をする→カラー設計をする→情報要素を配置する→モバイルサイトのレイアウトを決める

D：参考となるウェブサイトを探し観察する→ワイヤーフレームを確認する→PCサイトのレイアウトを決める→ナビゲーション設計をする→情報要素を配置する→カラー設計をする→モバイルサイトのレイアウトを決める

正解　D：[1]ホームページ作成サービス　[2]WordPress

　デザインカンプはオリジナルのウェブサイトをデザインする際に必要になりますが、Wixや、Jimdoなどのホームページ作成サービスを利用する場合は特に必要ありません。それらのホームページ作成サービスが提供する多数のデザインテーマから自社の商材のイメージに適したものを選択すれば、ウェブデザインが自動的に完了します。

　また、WordPressでウェブサイトを作成する際も、有料や無料のデザインテーマが多数配布されていますので、それらを適用すればウェブデザインが自動的に完了します。

正解　A：ワイヤーフレームを確認する→参考となるウェブサイトを探し観察する→PCサイトのレイアウトを決める→ナビゲーション設計をする→カラー設計をする→情報要素を配置する→モバイルサイトのレイアウトを決める

　デザインカンプを作るには次の7つの手順を踏みます。
①ワイヤーフレームを確認する
②参考となるウェブサイトを探し観察する
③PCサイトのレイアウトを決める
④ナビゲーション設計をする
⑤カラー設計をする
⑥情報要素を配置する
⑦モバイルサイトのレイアウトを決める

第28問

Q 競合他社は、多くの時間と才能を使いターゲットユーザーがサイト内でどのようなページを見たいのかを研究している可能性がある。競合他社のサイトを観察する上で特に注目すべきポイントに該当しにくいものはどれか?ABCDの中から1つ選びなさい。

1回目

2回目

3回目

A：トップページの構成
B：CSSのコーディング技術
C：商品販売ページの構成
D．各ページの名称

第29問

Q 次の文中の空欄[1]と[2]に入る最も適切な語句の組み合わせをABCDの中から1つ選びなさい。

自分が理想とする[1]という気持ちをいったん抑えて、[2]がターゲットユーザーのニーズにどのように対応しているのかを観察するべきである。そしてよいと思ったところは積極的に自社サイトに取り入れるべきである。

1回目

2回目

3回目

A：[1]売上を達成したい 　　　[2]競合サイト
B：[1]サイトをデザインしたい 　[2]HTMLの構造
C：[1]サイトをデザインしたい 　[2]競合サイト
D：[1]アクセス数を達成したい 　[2]CMSの構造

正解　B：CSSのコーディング技術

　競合他社は、多くの時間と才能を使いターゲットユーザーがサイト内でどのようなページを見たいのかを研究している可能性があります。そしてその成果をサイト内にあるトップページやメニュー、コンテンツに反映している可能性があります。

　特に注目すべきポイントは次の通りです。

・トップページの構成（メインビジュアル、選ばれる理由、導入事例、お客様インタビュー、新着情報など）
・各ページの名称（FAQ、サポート、初めての方へ、お申し込みまでの流れ、マイページなど）
・商品販売ページの構成（数量選択欄、サイズ選択欄、レビュー表示欄、買い物かごボタンなど）

正解　C：[1]サイトをデザインしたい　　　[2]競合サイト

　自分が理想とするサイトをデザインしたいという気持ちをいったん抑えて、競合サイトがターゲットユーザーのニーズにどのように対応しているのかを観察しましょう。そして良いと思ったところは積極的に自社サイトに取り入れましょう。

　そうすることにより、自分が理想とするデザインのサイトを作った後にユーザーの反応が悪いために作り直すという無駄な時間を節約することができます。

第30問

Q 次の文中の空欄[1]、[2]、[3]に入る最も適切な語句の組み合わせを ABCDの中から1つ選びなさい。

1回目

[1]が普及したことにより、[2]に要求されるものはそうした細かな装飾ではなく、[1]の小さな画面でも[3]が認識しやすいフラットでシンプルなデザインへと変化した。

2回目

3回目

A：[1]スマートフォン 　　[2]ウェブサイト 　　[3]ユーザー
B：[1]タブレット 　　　　[2]ウェブサイト 　　[3]見込み客
C：[1]スマートフォン 　　[2]PCサイト 　　　　[3]既存客
D：[1]タブレット 　　　　[2]企業サイト 　　　[3]新規客

第31問

Q 次の文中の空欄[1]と[2]に入る最も適切な語句の組み合わせをABCD の中から1つ選びなさい。

1回目

デザインカンプには[1]のものと[2]のものがある。[1]のデザインのほうが複雑であることが多いため、最初に[1]のデザインカンプから作ることが多い傾向がある。そのため、最初に[1]のデザインカンプを完成させ、それをもとに[2]を作ることが効率的である。

2回目

3回目

A：[1]PCサイト 　　　　[2]専門サイト
B：[1]モバイルサイト 　　[2]PCサイト
C：[1]PCサイト 　　　　[2]モバイルサイト
D：[1]タブレットサイト 　[2]モバイルサイト

正解　A：[1]スマートフォン　[2]ウェブサイト　[3]ユーザー

　スマートフォンが普及したことにより、ウェブサイトに要求されるものはそうした細かな装飾ではなく、スマートフォンの小さな画面でもユーザーが認識しやすいフラットでシンプルなデザインへと変化しました。

正解　C：[1]PCサイト　[2]モバイルサイト

　デザインカンプにはPCサイトのものとモバイルサイトのものがあります。PCサイトのデザインのほうが複雑であることが多いため、最初にPCサイトのデザインカンプから作ることが多い傾向があります。そのため、最初にPCサイトのデザインカンプを完成させ、それをもとにモバイルサイトを作ることが効率的です。

第32問

Q 次の文中の空欄[　]に入る最も適切な語句をABCDの中から1つ選びなさい。

[　]はメインコンテンツとサイドバーで構成されるレイアウトである。サイドバーにはサイト内にある他のページへのリンク、カテゴリ、バナーリンクなどが掲載される。

A：2カラム

B：3カラム

C：4カラム

D：5カラム

第33問

Q ナビゲーションとは何か？　最も正しい説明をABCDの中から1つ選びなさい。

A：ナビゲーションとは、ウェブサイト外のコンテンツに移動したり、他のサイトを見せるための画像や動画のことである。

B：ナビゲーションとは、ウェブサイト外のポータルサイトに移動したり、他の申し込みページへ誘導したりするためのシグナルのことである。

C：ナビゲーションとは、ウェブサイト内のページの上下を移動したり、他のサイトへ誘導したりするためのボタンやリンクのことである。

D：ナビゲーションとは、ウェブサイト内のコンテンツを移動したり、他のサイトへ誘導したりするためのボタンやリンクのことである。

正解　A：2カラム

　2カラム（ツーカラム）はメインコンテンツとサイドバーで構成されるレイアウトです。サイドバーにはサイト内にある他のページへのリンク、カテゴリ、バナーリンクなどが掲載されます。サイドバーにこうした情報要素を配置することによりユーザーが他のページを見てくれる可能性が増します。

正解　D：ナビゲーションとは、ウェブサイト内のコンテンツを移動したり、他のサイトへ誘導したりするためのボタンやリンクのことである。

　ウェブページをデザインする上で最も重要な作業の1つはナビゲーションの設計です。ナビゲーションとは、ウェブサイト内のコンテンツを移動したり、他のサイトへ誘導したりするためのボタンやリンクのことです。そしてナビゲーション設計とは、サイト内でユーザーが目的とするコンテンツに迷うことなくスムーズにたどり着きやすいようサイト全体を設計することをいいます。

第34問

Q 次の文中の空欄[ ]に入る最も適切な語句をABCDの中から1つ選びなさい。

ナビゲーションの中でも最も重要といってよいのが、[ ]に設置するナビゲーションバーである。ナビゲーションバーとはウェブサイト内にある主要なページへリンクを張るメニューリンクのことである。

A：フッター
B：ヘッダー
C：メインコンテンツ
D：サブコンテンツ

第35問

Q 次の文中の空欄[1]と[2]に入る最も適切な語句の組み合わせをABCDの中から1つ選びなさい。

ユーザーにページの[1]に集中してほしいという思いが強い場合は、[2]は右に設置する。ユーザーは左から右に視線を移動して横書きの文章を読むからである。反対に、ユーザーに順々に複数のページを見てほしいという場合は、左に設置する。

A：[1]メインコンテンツ　　　[2]サイドバー
B：[1]動画コンテンツ　　　[2]ナビゲーションバー
C：[1]メインコンテンツ　　　[2]ナビツール
D：[1]画像コンテンツ　　　[2]サイドバー

正解　B：ヘッダー

　ナビゲーションの中でも最も重要といってよいのが、ヘッダーに設置するナビゲーションバーです。ナビゲーションバーとはウェブサイト内にある主要なページへリンクを張るメニューリンクのことです。主要なページへリンクを張ることから「グローバルナビゲーション」とも呼ばれます。

　通常は、全ページのヘッダー部分に設置されます。そのことから「ヘッダーメニュー」や「ヘッダーナビゲーション」と呼ばれることもあります。

正解　A：[1]メインコンテンツ　[2]サイドバー

　ユーザーにページのメインコンテンツに集中してほしいという思いが強い場合は、サイドバーは右に設置します。ユーザーは左から右に視線を移動して横書きの文章を読むからです。

　反対に、ユーザーに順々に複数のページを見てほしいという場合は、左に設置します。ユーザーは左から右に視線を移動するので左サイドバーのリンクを認識してくれやすくなるからです。

第36問

次の文中の空欄[　]に入る最も適切な語句をABCDの中から1つ選びなさい。

1回目

サイドバーがないサイトの場合、サイドバーに掲載するようなローカルリンクは[　]に配置することができる。このやり方は、画面の幅が狭いためサイドバーを設置することが困難なモバイルサイトにも有効なものである。

2回目

3回目

A：メインコンテンツ直下

B：メインコンテンツの右か左

C：ポップアップメニューの右

D：ポップアップメニューの左

第37問

次の文中の空欄[　]に入る最も適切な語句をABCDの中から1つ選びなさい。

1回目

ユーザーが、サイト内にあるメニューリンクを見ずに、自分が探しているページを検索することができるのが[　]である。

2回目

A：サイト検索エンジン

3回目

B：サイト内検索エリア

C：ページ検索エンジン

D：サイト内検索窓

正解　A：メインコンテンツ直下

　サイドバーがないサイトの場合、サイドバーに掲載するようなローカルリンクはメインコンテンツ直下に配置することができます。このやり方は、画面の幅が狭いためサイドバーを設置することが困難なモバイルサイトにも有効なものです。

正解　D：サイト内検索窓

　ユーザーが、サイト内にあるメニューリンクを見ずに、自分が探しているページを検索することができるのがサイト内検索窓です。ページ数が数百を超えるような大きなサイトの場合は、ユーザーがキーワード検索をすると一発で探しているページが見つかるようにするサイト内検索窓を設置するとサイトの利便性が向上し、回遊率が高まることが期待できます。

第38問

Q 「自然、成長、喜び、健康、安らぎ、安心、安全」を示すイメージはどの色か？
最も適切なものをABCDの中から1つ選びなさい。

A：赤色

B：茶色

C：紫色

D：緑色・黄緑色

第39問

Q 次の文中の空欄［　］に入る最も適切な語句をABCDの中から1つ選びな
さい。

ウェブデザインをする上で1つの色を決めたら、［　］を参考にしてその色と
相性のよい色を選ぶと決めやすくなる。［　］にはColor Huntなど、さまざ
まなものがウェブ上で見つけることができる。

A：カラーパレット

B：カラーリング

C：カラースキーム

D：カラーポイント

正解　D：緑色・黄緑色

　「自然、成長、喜び、健康、安らぎ、安心、安全」を示す色の印象は緑色・黄緑色だといわれています。

正解　A：カラーパレット

　ウェブデザインをする上で1つの色を決めたら、カラーパレットを参考にしてその色と相性のよい色を選ぶと決めやすくなります。カラーパレットにはColor Huntなど、さまざまなものがウェブ上で見つけることができます。

第40問

Q 次の文中の空欄[1]、[2]、[3]に入る最も適切な語句の組み合わせをABCDの中から1つ選びなさい。

ウェブサイトの配色を決めた後は、[1]を守ってウェブページを着色するのがよい。[1]は、ベースカラー[2]、メインカラー[3]、アクセントカラー5%という比率で配色すると美しい配色になるという考え方である。

A：[1]色の黄金比　　　[2]80%　　　[3]15%

B：[1]色の黄金率　　　[2]75%　　　[3]20%

C：[1]色の黄金比　　　[2]70%　　　[3]25%

D：[1]色の黄金率　　　[2]90%　　　[3]5%

第41問

Q 次の文中の空欄[1]と[2]に入る最も適切な語句の組み合わせをABCDの中から1つ選びなさい。

ウェブページのカラーの色数は[1]と見にくくなり、[2]デザインになってしまう。ベースカラー、メインカラー、アクセントカラーの3つの色以外は極力ウェブページに着色するのは避けるべきである。

A：[1]多すぎる　　　　[2]素人っぽい

B：[1]少なすぎる　　　[2]子供っぽい

C：[1]少ない　　　　　[2]素人っぽい

D：[1]多すぎる　　　　[2]子供っぽい

正解　C：[1]色の黄金比　[2]70%　[3]25%

　ウェブサイトの配色を決めた後は、「色の黄金比」を守ってウェブページを着色します。色の黄金比とは、ベースカラー70%、メインカラー25%、アクセントカラー5%という比率で配色すると美しい配色になるという考え方です。

正解　A：[1]多すぎる　[2]素人っぽい

　ウェブページのカラーの色数は多すぎると見にくくなり、素人っぽいデザインになってしまいます。ベースカラー、メインカラー、アクセントカラーの3つの色以外は極力ウェブページに着色するのは避けましょう。

第42問

Q 次の文中の空欄[1]と[2]に入る最も適切な語句の組み合わせをABCD の中から1つ選びなさい。

ウェブページ内にある情報要素の中で、必ず[1]に見てほしい、目に止まっ てほしいものには[2]を付けると認識してくれやすくなる。

A：[1]クローラー　　　　[2]明るい色
B：[1]ユーザー　　　　　[2]目立つ色
C：[1]経営者　　　　　　[2]目立つ色
D：[1]ユーザー　　　　　[2]明るい色

第43問

Q 次の文中の空欄[1]と[2]に入る最も適切な語句の組み合わせをABCD の中から1つ選びなさい。

[1]とは[2]とも呼ばれるもので、ユーザーがサイトにアクセスしたときに最初 に目に付く最も目立つ部分に配置する画像のことである。ユーザーにサイト の第一印象を与えるとても重要な要素である。

A：[1]メインイメージ　　　　[2]キーイメージ
B：[1]メインビジュアル　　　[2]インパクトビジュアル
C：[1]メインビジュアル　　　[2]キービジュアル
D：[1]メインカット　　　　　[2]キーカット

正解 B：[1]ユーザー　[2]目立つ色

　ウェブページ内にある情報要素の中で、必ずユーザーに見てほしい、目に止まってほしいものには目立つ色を付けると認識してくれやすくなります。たとえば、ECサイトにおいて最もユーザーに見てほしい情報要素は商品の情報以外には商品を買い物かごに入れるための買い物かごボタンです。そのボタンがグレーだと目立ちませんが、オレンジや、赤、あるいは黄緑色にすることにより目立たせることが可能です。

正解 C：[1]メインビジュアル　[2]キービジュアル

　メインビジュアルとはキービジュアルとも呼ばれるもので、ユーザーがサイトにアクセスしたときに最初に目に付く最も目立つ部分に配置する画像のことです。ユーザーにサイトの第一印象を与えるとても重要な要素です。

第44問

Q 次の文中の空欄[1]と[2]に入る最も適切な語句の組み合わせをABCD の中から1つ選びなさい。

中見出しは、[1]記事に付ける見出しのことで、1つのページに[2]。

A：[1]文章量が少ない 　　　　　[2]複数回書くことができる

B：[1]文章量が中程度の 　　　　[2]2つまで書くことができる

C：[1]文章量が多い 　　　　　　[2]複数回書くことができる

D：[1]文章量が多い 　　　　　　[2]複数回書くことができない

第45問

Q 次の文中の空欄[　]に入る最も適切な語句をABCDの中から1つ選びな さい。

[　]を提供するための重要なポイントの1つが本文のテキストを読みやすく デザインすることである。本文のテキストを読みやすくするためには行間、 字下げ、改行の取り扱いに注意することである。

A：良質なUX

B：良質なUE

C：良質なUI

D：良質なUP

正解　C：[1]文章量が多い　[2]複数回書くことができる

　中見出しは、文章量が多い記事に付ける見出しです。1つのページに複数回書くことができます。

正解　A：良質なUX

　良質なユーザー体験を提供するための重要なポイントの1つが本文のテキストを読みやすくデザインすることです。本文のテキストを読みやすくするためには行間、字下げ、改行の取り扱いに注意することです。

第46問

次の文中の空欄[　]に入る最も適切な語句をABCDの中から1つ選びなさい。

各行に掲載されている文字数が多すぎると、横への視線移動が長くなりUXが悪化する。大手の人気サイト、人気サービスのPC版のウェブページを調べると1行あたりの文字数は、[　]のところがほとんどである。

A：全角で30文字〜45文字

B：全角で34文字〜50文字

C：全角で38文字〜58文字

D：全角で40文字〜60文字

第47問

次の文中の空欄[　]に入る最も適切な語句をABCDの中から1つ選びなさい。

モバイルサイトのウェブページの1行あたりの文字数は機種によって若干変動するが、iPhone 14で調べたところ[　]がほとんどでTwitterだけが16文字である。

A：16文字〜20文字

B：18文字〜22文字

C：20文字〜24文字

D：22文字〜26文字

正解　B：全角で34文字～50文字

　各行に掲載されている文字数が多すぎると、横への視線移動が長くなりUXが悪化します。大手の人気サイト、人気サービスのPC版のウェブページを調べると1行あたりの文字数は、全角で34文字～50文字のところがほとんどです。

正解　D：22文字～26文字

　モバイルサイトのウェブページの1行あたりの文字数は機種によって若干変動しますが、iPhone 14で調べたところ22文字～26文字がほとんどでTwitterだけが16文字です。

第48問

Q 次の文中の空欄[1]と[2]に入る最も適切な語句の組み合わせをABCD の中から1つ選びなさい。

ウェブページで文章を書くときは、文章の途中で[1]ほうがよい。ウェブページはユーザーが使用するデバイスやブラウザによってページの幅や、フォントの大きさが異なるため、[2]の意図した位置で改行されるとは限らないからである。

A：[1]改行をしない　　　　[2]ユーザー
B：[1]改行をした　　　　　[2]作者
C：[1]改行をしない　　　　[2]作者
D：[1]改行をした　　　　　[2]ユーザー

第49問

Q GEORGIA、Times New Roman、Baskerville、Bodoni MTは何体の フォントか?　正しいものをABCDの中から1つ選びなさい。

A：セリフ体
B：サンセリフ体
C：ノンセリフ体
D：ノンセリフ体

正解　C：[1]改行をしない　[2]作者

　ウェブページで文章を書くときは、文章の途中で改行をしないほう
がよいです。ウェブページはユーザーが使用するデバイスやブラウザ
によってページの幅や、フォントの大きさが異なるため、作者の意図し
た位置で改行されるとは限らないからです。

正解　A：セリフ体

　比較的多くのデバイスやブラウザで対応しているセリフ体としては、
GEOR GIA、Times New Roman、Baskerville、Bodoni MTな
どがあります。

第50問

Q Arial、Helvetica、Calibri、Century Gothicは何体のフォントか？　正しいものをABCDの中から1つ選びなさい。

A：セリフ体

B：サンセリフ体

C：ノンセリフ体

D：ノンセリフ体

第51問

Q 次の文中の空欄[1]と[2]に入る最も適切な語句の組み合わせをABCDの中から1つ選びなさい。

ウェブサイト制作者側でフォントの種類を特に指定しない場合は、ユーザーがウェブページを見るブラウザで設定されているフォントタイプが自動的に適用されてテキストが表示される。自動的に適用されるフォントは、欧文書体は[1]のフォントで、和文書体は[2]のフォントである。

A：[1]セリフ　　　　　　[2]明朝体系

B：[1]サンセリフ系　　　[2]ゴシック体系

C：[1]サンセリフ系　　　[2]明朝体系

D：[1]ノンセリフ　　　　[2]ゴシック体系

正解　B：サンセリフ体

　比較的多くのデバイスやブラウザで対応しているサンセリフ体とし
ては、Arial、Helvetica、Calibri、Century Gothicなどがあります。

正解　B：[1]サンセリフ系　[2]ゴシック体系

　ウェブサイト制作者側でフォントの種類を特に指定しない場合は、
ユーザーがウェブページを見るブラウザで設定されているフォントタ
イプが自動的に適用されてテキストが表示されます。
自動的に適用されるフォントは、欧文書体はサンセリフ系のフォント
で、和文書体はゴシック体系のフォントです。

第52問

Q 次の文中の空欄[1]と[2]に入る最も適切な語句の組み合わせをABCD の中から1つ選びなさい。

[1]で表を作成すると[2]を使ったとき以上に自由なデザインが可能になる。

A：[1]画像   [2]CSS

B：[1]JavaScript   [2]CSS

C：[1]画像   [2]PNG

D：[1]XML   [2]CSS

第53問

Q ファビコンの定義に関して、最も正しい記述はどれか？ ABCDの中から1 つ選びなさい。

A：ユーザーがウェブページに残すシンボルマーク

B：サイト運営者がウェブページに設置するシンボルマーク

C：ユーザーがウェブページに残す人気を示すシグナル

D：サイト運営者がフォームページに残す足跡となるもの

正解 A：[1]画像　[2]CSS

　画像で表を作成するとCSSを使ったとき以上に自由なデザインが
可能になります。

正解 B：サイト運営者がウェブページに設置するシンボルマーク

　「ファビコン」(favicon)とは、favorite icon(お気に入りのアイコ
ン)を略した混成語で、サイト運営者がウェブページに設置するシンボ
ルマークのことです。

　ファビコンを作成し、設定することで、複数のタブを開いて作業をし
ているときや、お気に入りやブックマークを開いたときに目印になりま
す。自社サイトをひと目で識別してくれる重要な画像です。

第54問

 次の文中の空欄[1]と[2]に入る最も適切な語句の組み合わせをABCD
の中から1つ選びなさい。

1回目

リクルート動画とは、企業の採用活動を推進するための動画で、[1]で働く
人たちの様子、研修風景、スタッフの[2]などが含まれるもので、企業の特
徴を「働く人目線」で紹介する動画である。

2回目

3回目

A：[1]職場　　　　　　　[2]インタビュー
B：[1]工場　　　　　　　[2]個人情報
C：[1]職場　　　　　　　[2]インターン
D：[1]インターン　　　　[2]管理状況

正解 A：[1]職場　[2]インタビュー

　リクルート動画とは、企業の採用活動を推進するための動画で、職場で働く人たちの様子、研修風景、スタッフのインタビューなどが含まれるもので、企業の特徴を「働く人目線」で紹介する動画です。

第 6 章

コンテンツ

第55問

Q 次の画像中の[1]と[2]に入る最も適切な語句をABCDの中から1つ選びなさい。

年々ライティングの外注費用は上がってきている。一昔前までは数千文字の原稿のライティング料金が[1]円前後で調達できていたものが、最近では[2]にまで値上がりしているということを見聞きするようになっている。

A：[1]2000 [2]1万円から高いものになると5万円近く

B：[1]5000 [2]数万円から高いものになると10万円近く

C．[1]2万 [2]5万円から高いものになると20万円近く

D：[1]5万 [2]10万円から高いものになると50万円近く

第56問

Q 次の文中の空欄[ ]に入る最も適切な語句をABCDの中から1つ選びなさい。

セールスページに必要なライティングテクニックは、見込み客にとって商品・サービスがなぜ必要なのか、それを利用するとどのような[ ]があるのかなどの見込み客が知りたい要素をわかりやすく書くことである。[ ]とは、物事から得られる便益、利益、恩恵のことを指す。これらは金銭的な意味だけでなく心理的なもの含まれる。

A：メリット

B：ソリューション

C：デメリット

D：ベネフィット

正解 B：[1]5000　[2]数万円から高いものになると10万円近く

　年々ライティングの外注費用は上がってきています。一昔前までは数千文字の原稿のライティング料金が5000円前後で調達できていたものが、最近では数万円から高いものになると10万円近くにまで値上がりしているということを見聞きするようになっています。

正解 D：ベネフィット

　セールスページに必要なライティングテクニックは、見込み客にとって商品・サービスがなぜ必要なのか、それを利用するとどのようなベネフィットがあるのかなどの見込み客が知りたい要素をわかりやすく書くことです。「ベネフィット」(benefit)とは、物事から得られる便益、利益、恩恵のことを指します。これらは金銭的な意味だけでなく心理的なもの含まれます。

第57問

Q ライティングのフレームワークの中で「要点」「詳細」「要点」を意味するものは次のうちどれか？　ABCDの中から1つ選びなさい。

1回目

2回目

3回目

A：DSG法

B：PEP法

C：SPR法

D：SDS法

第58問

Q ライティングのフレームワークの中で「結論」「理由」「具体例」「結論」を意味するものは次のうちどれか？　ABCDの中から1つ選びなさい。

1回目

2回目

3回目

A：CESC法

B：PREP法

C：CPRE法

D：SDSC法

第59問

Q 次の文中の空欄[1]と[2]に入る最も適切な語句の組み合わせをABCDの中から1つ選びなさい。

1回目

2回目

ページの冒頭では自分が伝えたいことから書くのではなく、想定される読者が抱える問題、読者が置かれている環境に[1]する文章から書いて、読者からの[2]ことを優先したほうがよい。

3回目

A：[1]同情　　　[2]利益を得る

B：[1]共感　　　[2]信頼を得る

C：[1]反感　　　[2]支払いを得る

D：[1]無関心　　[2]利益を得る

正解　D：SDS法

　SDSとは、Summary、Details、Summaryの略で、「要点」「詳細」「要点」を意味します。

正解　B：PREP法

　PREPとは、Point、Reason、Example、Pointの略で、「結論」「理由」「具体例」「結論」を意味します。

正解　B：[1]共感　[2]信頼を得る

　ページの冒頭では自分が伝えたいことから書くのではなく、想定される読者が抱える問題、読者が置かれているつらい環境に「共感」する文章から書いて、読者からの信頼を得ることを優先しましょう。

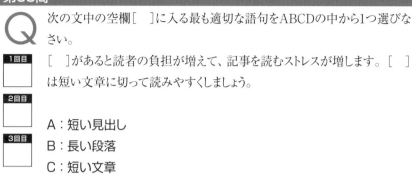

第60問

Q 次の文中の空欄[ ]に入る最も適切な語句をABCDの中から1つ選びなさい。

1回目

2回目

3回目

[ ]があると読者の負担が増えて、記事を読むストレスが増します。[ ]は短い文章に切って読みやすくしましょう。

A：短い見出し
B：長い段落
C：短い文章
D：長い文章

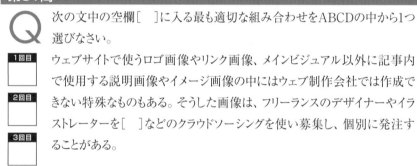

第61問

Q 次の文中の空欄[ ]に入る最も適切な組み合わせをABCDの中から1つ選びなさい。

1回目

2回目

3回目

ウェブサイトで使うロゴ画像やリンク画像、メインビジュアル以外に記事内で使用する説明画像やイメージ画像の中にはウェブ制作会社では作成できない特殊なものもある。そうした画像は、フリーランスのデザイナーやイラストレーターを[ ]などのクラウドソーシングを使い募集し、個別に発注することがある。

A：ランサーズやクラウドワークス
B：アンサーズやワーククラウド
C：ランサーズやGoogleクラウド
D：アンサーズやクラウドドットコム

正解　D：長い文章

　　長い文章があると読者の負担が増えて、記事を読むストレスが増し
ます。長い文章は短い文章に切って読みやすくしましょう。

正解　A：ランサーズやクラウドワークス

　　ウェブサイトで使うロゴ画像やリンク画像、メインビジュアル以外に
記事内で使用する説明画像やイメージ画像の中にはウェブ制作会社
では作成できない特殊なものもあります。
　　そうした画像は、フリーランスのデザイナーやイラストレーターを
ランサーズやクラウドワークスなどのクラウドソーシングを使い募集
し、個別に発注することがあります。

第62問

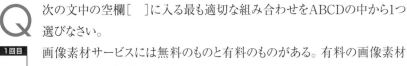

Q 次の文中の空欄[ ]に入る最も適切な組み合わせをABCDの中から1つ選びなさい。

1回目

画像素材サービスには無料のものと有料のものがある。有料の画像素材サービスには、[ ]などがある。

2回目

3回目

A：Adobe Stock、PIXTA、Shutterstock、iStock、
　　Payless images

B：Adobe Photoshop、MYPIX、Shutterstock、iStock、
　　Paynow images

C：Adobe Stock、MYPIX、Shutterout、iStock、
　　Payless images

D：Adobe Stock、PIXTA、Shutterphoto、myStock、
　　Payless images

第63問

Q 次の文中の空欄[ ]に入る最も適切な語句をABCDの中から1つ選びなさい。

1回目

ウェブページに掲載する写真は、撮影した映像を[ ]で保存して作成する。[ ]とは、ビットマップ形式とも呼ばれる画像のフォーマットで、単純に各ビットの配置と色情報がデータとして保たれているものである。

2回目

3回目

A：アスター形式
B：ラスター形式
C：スライス形式
D：マスター形式

正解 A：Adobe Stock、PIXTA、Shutterstock、iStock、
　　　Payless images

　　画像素材サービスには無料のものと有料のものがあります。有料の
画像素材サービスには、Adobe Stock、PIXTA、Shutterstock、
iStock、Payless imagesなどがあります。料金体系は、1点につ
きいくらという個別購入と、毎月何点までダウンロードができるという
サブスクリプション契約があります。

正解 B：ラスター形式

　　ウェブページに掲載する写真は、撮影した映像をラスター形式で保
存して作成します。ラスター形式とは、ビットマップ形式とも呼ばれる
画像のフォーマットで、単純に各ビットの配置と色情報がデータとして
保たれているものです。

第64問

Q 画像を拡大するとドットの配置にゆがみが生じて輪郭にジャギと呼ばれる
ギザギザが発生し全体的にぼやけた画像になる画像形式はどれか?
ABCDの中から1つ選びなさい。

1回目

2回目
A:ハイブリット形式

B:ベクター形式

3回目
C:ラスター形式

D:ハイライト形式

第65問

Q GIF、PNG、JPGは次のうち、どの形式の画像フォーマットか? ABCDの
中から1つ選びなさい。

1回目
A:ベスター形式

2回目
B:ベクター形式

C:ラスター形式

3回目
D:ビットアップ形式

第66問

Q 次の文中の空欄[ ]に入る最も適切な組み合わせをABCDの中から1つ
選びなさい。

1回目
PNGには[ ]という3種類のフォーマットがある。

2回目
A:PNG-4、PNG-12、PNG-24

B:PNG-8、PNG-24、PNG-32

3回目
C:PNG-16、PNG-24、PNG-32

D:PNG-16、PNG-32、PNG-48

正解　C：ラスター形式

　ラスター形式の画像は、画像を拡大するとドットの配置にゆがみが生じて輪郭にジャギと呼ばれるギザギザが発生し全体的にぼやけた画像になってしまいます。そして縮小すれば配色が失われます。そのため、ウェブページ上でサイズ変更や変形などの処理には適していません。

正解　C：ラスター形式

　ウェブサイトに掲載するラスター形式の画像フォーマットには、GIF、PNG、JPGがあります。

正解　B：PNG-8、PNG-24、PNG-32

　PNGにはPNG-8、PNG-24、PNG-32という3種類のフォーマットがあり、表現できる色数はPNG-8が256色で、PNG-24、PNG-32が1677万色です。PNG-32は表現できる色数がJPGと同じ1677万色あるので、写真をきれいに保存することはできます。

第67問

Q 次の文中の空欄[　]に入る最も適切な語句をABCDの中から1つ選びなさい。

イラストは通常、[　]で作成する。[　]とは、画像を各頂点の座標データとして保持しており、表示されるごとに輪郭となる線の情報を演算処理することで表現する。

A：ベスター形式
B：ベクター形式
C：ラスター形式
D：ビットアップ形式

第68問

Q 次の文中の空欄[1]と[2]に入る最も適切な語句の組み合わせをABCDの中から1つ選びなさい。

[1]の略で[2]というデータのため縮小表示や拡大表示をしても画像が劣化しないという特徴がある。

A：[1]SVGとはScalable Venetor Graphics
　　[2]セクター形式
B：[1]SVCとはScalable Visitor Graphics
　　[2]レクター形式
C：[1]SVGとはScalable Vector Graphics
　　[2]ベクター形式
D：[1]SVCとはScalable Vectory Compliment
　　[2]ベネター形式

正解　B：ベクター形式

　イラストは通常、ベクター形式で作成します。「ベクター形式」とは、画像を各頂点の座標データとして保持しており、表示されるごとに輪郭となる線の情報を演算処理（ラスタライズ）することで表現します。それにより画像のサイズ変更や変形をしても、それに応じた曲線が描き出されることになり画像の拡大をしても輪郭がなめらかになります。そのため拡大、縮小や、変形などの操作に適しています。

正解　C：[1]SVGとはScalable Vector Graphics　[2]ベクター形式

　SVG（エスブイジー）とはScalable Vector Graphicsの略でベクター形式というデータのため縮小表示や拡大表示をしても画像が劣化しないという特徴があります。

第69問

 次の文中の空欄[1]と[2]に入る最も適切な語句の組み合わせをABCD
の中から1つ選びなさい。

1回目

[1]とは透明なフィルムのようなもので、そこに画像やテキスト、その他の[2]
を個別に配置し、それらを重ね合わせることで1つの画像を作成するもの
である。

2回目

3回目

A：[1]レイヤー　　　　　[2]オブジェクト
B：[1]レイフィルム　　　[2]サブジェクト
C：[1]レイヤー　　　　　[2]リブジェクト
D：[1]ビットフィルム　　[2]オブジェクト

第70問

次の文中の空欄[　]に入る最も適切な語句をABCDの中から1つ選びな
さい。

1回目

画像編集ツールにある[　]を使うと、自由に直線や曲線が描くことができる。

2回目

A：ドットツール
B：移動ツール

3回目

C：スポイトツール
D：ペンツール

正解　A：[1]レイヤー　[2]オブジェクト

　　レイヤーとは透明なフィルムのようなもので、そこに画像やテキスト、その他のオブジェクトを個別に配置し、それらを重ね合わせることで1つの画像を作成するものです。他のレイヤーのコンテンツに影響を与えることなく、1つのレイヤーのコンテンツを移動、編集、操作することができます。

正解　D：ペンツール

　　画像編集ツールにある「ペンツール」を使うと、自由に直線や曲線が描けます。

第71問

Q 次の文中の空欄[　]に入る最も適切な語句をABCDの中から1つ選びなさい。

1回目

画像編集ツールにある[　]を使うと、色を調整したり、鮮やかさを調整したり、明るさ、コントラストを調整するなど、さまざまな加工ができる。

2回目

A：色調補正ツール

3回目

B：色彩調整ツール

C：色調補完ツール

D：色調調整ツール

第72問

Q 次の文中の空欄[　]に入る最も適切な語句をABCDの中から1つ選びなさい。

1回目

画像編集ツールにある[　]という機能を使うと、写真を水彩画や、パステル調に変えるなど、さまざまな効果を適用することができる。

2回目

A：ピクチャー

3回目

B：フィルター

C：エフェクター

D：フォルター

正解 A：色調補正ツール

　画像編集ツールにある色調補正ツールを使うと、色を調整したり、鮮やかさを調整したり、明るさ、コントラストを調整するなど、さまざまな加工ができます。

正解 B：フィルター

　画像編集ツールにあるフィルターという機能を使うと、写真を水彩画や、パステル調に変えるなど、さまざまな効果を適用することができます。

第73問

Q 次の文中の空欄[　]に入る最も適切な語句をABCDの中から1つ選びなさい。

1回目

イラストは、[　]という白いドキュメントの上に描く。適切な[　]サイズを選択する必要がある。

2回目

3回目

A：イラストボード

B：ホワイトペーパー

C：ホワイト

D：カンバス

第74問

Q 次の文中の空欄[1]と[2]に入る最も適切な語句の組み合わせをABCDの中から1つ選びなさい。

1回目

ウェブで使う動画ファイルは、[1]、FLV、AVI、MOV、WebMなどのフォーマットがある。[2]や各種SNSで使うならMP4形式が最適である。

2回目

3回目

A：[1]MP3　　　[2]ウェブサイトやブログ

B：[1]MP4　　　[2]YouTube

C：[1]MP5　　　[2]ブログやYouTube

D：[1]MP6　　　[2]YouTube

正解　D：カンバス

　イラストは、「カンバス」（canvas）という白いドキュメントの上に描きます。適切なカンバスサイズを選択します。カンバスは「キャンバス」とも呼ばれることがあります。

正解　B：[1]MP4　[2]YouTube

　ウェブで使う動画ファイルは、MP4、FLV、AVI、MOV、WebMなどのフォーマットがあります。YouTubeや各種SNSで使うならMP4形式が最適です。

第75問

Q 次の文中の空欄[1]と[2]に入る最も適切な語句の組み合わせをABCDの中から1つ選びなさい。

動画のファイルは、[1]と呼ばれている。その理由は、映像ファイルと音声ファイルが[1]に格納され[2]動画ファイルになっているイメージだからである。

A：[1]コンテナ　　　　　　[2]1つの
B：[1]ディレクトリ　　　　[2]1つの
C：[1]セパレータ　　　　　[2]2つの
D：[1]コンテナ　　　　　　[2]3つの

第76問

Q 次の文中の空欄[　]に入る最も適切な語句をABCDの中から1つ選びなさい。

動画を撮影する際には[　]などの撮影技術が役立つ。

A：フィルミング、ライティング、ピント、露光
B：フレーミング、ランディング、ピント、露出
C：フィルミング、ライティング、ビット、露光
D：フレーミング、ライティング、ピント、露出

正解　A：[1]コンテナ　[2]1つの

　動画のファイルは、コンテナと呼ばれます。その理由は、映像ファイルと音声ファイルがコンテナに格納され1つの動画ファイルになっているイメージだからです。

　映像ファイルと音声ファイルがコンテナの中に別々に格納されることにより、映像を編集するときは映像ファイルだけを変更し、音声を編集するときは音声ファイルだけを変更することが可能になります。

正解　D：フレーミング、ライティング、ピント、露出

　動画を撮影する際にはフレーミング、ライティング、ピント、露出などの撮影技術が役立ちます。

第77問

Q 次の文中の空欄[　]に入る最も適切な語句をABCDの中から1つ選びなさい。

1回目

Adobe Premiere Proを使用する際、プロジェクトへの素材の読み込みが完了したら[　]を作成する。[　]とは動画や音声などの素材が並んだ

2回目

編集データのことである。左から右に時間が進んでいき、どの時間にどの場面が何秒表示されるのかがわかるようになっている。

3回目

A：合成フォーマット

B：合成プロジェクト

C：シーケンス

D：タイムシーン

第78問

Q 次の文中の空欄[　]に入る最も適切な語句をABCDの中から1つ選びなさい。

1回目

Adobe社が提供している[　]などを使うと、映画のようなタイトルロゴやイントロ、トランジション（場面転換）を作成できる。

2回目

A：After Effects

3回目

B：Super Effects

C：Title Effects

D：Ultra Effects

正解　C：シーケンス

　プロジェクトへの素材の読み込みが完了したらシーケンスを作成します。シーケンスとは動画や音声などの素材が並んだ編集データのことです。左から右に時間が進んでいき、どの時間にどのシーンが何秒表示されるのかがわかるようになっています。

正解　A：After Effects

　Adobe社が提供しているAfter Effectsなどを使うと、映画のようなタイトルロゴやイントロ、トランジション（場面転換）を作成できます。

第7章

HTMLとCSSの
コーディング

第79問

Q HTMLファイルの1行目に記述すべきものは次のうちどれか？ 最も適切な語句をABCDの中から1つ選びなさい。

A：<!DOCUTYPE html>

B：<DOCTYPE htm>

C：<!DOCTYPE html>

D：<!DOCTYPE html!>

第80問

Q 次の文中の空欄［　］に入る最も適切な語句をABCDの中から1つ選びなさい。

　ウェブページを作成する際には、特に事情がない限り文字コードは最も普及率が高い［　］を使うべきである。

A：UTF-JP

B：EUC-8

C：UTF-8

D：EUC-JP

正解 C：<!DOCTYPE html>

　HTMLファイルの1行目には次のように記述します。

```
<!DOCTYPE html>
```

　これによりこの文書がHTML文書であり、どのHTMLのバージョンであるかをブラウザに認識させます。

正解 C：UTF-8

　文字コードには、「UTF-8」「EUC-JP」「Shift_JIS」などがあります。現在最も普及している文字コードは「UTF-8」です。特に事情がない限り文字コードは最も普及率が高い「UTF-8」にしましょう。

第81問

Q 次の文中の空欄[1]と[2]に入る最も適切な語句の組み合わせをABCD の中から1つ選びなさい。

ウェブページ内に画像を表示するには[1]タグを使う。[2]という言葉は英語で画像を意味するimageの略である。

1回目

2回目

3回目

A：[1]<img>　　　[2]img

B：[1]<imge>　　[2]imge

C：[1]<ima>　　 [2]ima

D：[1]<ig>　　　 [2]ig

第82問

Q hrefとは何の略か？　最も適切なものをABCDの中から1つ選びなさい。

1回目

A：hyper reference

B：hyperjump reference

2回目

C：hyperlink reference

D：hypertext reference

3回目

正解 A：[1]<img>　[2]img

　ページ内に画像を表示するには<img>タグを使います。imgという言葉は英語で画像を意味するimageの略です。<img>タグの中の「src="」と「">」の間に表示させたい画像のファイル名を記述します。

正解 D：hypertext reference

　リンクを張るためのタグは<a href=""></a>（アンカータグ）といいます。aはアンカーの略で鎖、つまりリンクの意味です。hrefはhypertext referenceの略で、直訳すると「ハイパーテキストの参照」という意味です。ハイパーテキストとは、複数の文書を相互に関連付け、結び付ける仕組みのことです。

　1つのページから同じサイト内にある他のページにリンクを張るにはリンク先ページのファイル名を「""」内（「"」と「"」の間）に記述します。

第83問

Q 多くの場合、HTMLファイルとは別に専用のCSSファイルを作成し、HTMLファイル内から参照する形が取られている。その理由に該当しにくいものをABCDの中から1つ選びなさい。

1回目

2回目

A：HTMLファイルがCSSを理解しやすくしてJavaScriptを動かすため

3回目

B：HTMLファイルとは分けて管理をしやすくするため

C：他のHTMLファイルからも参照して再利用できるようにするため

D：HTMLファイルを軽量化してウェブページの表示速度を速くするため

第84問

Q CSSにおける「color:」や「background-color:」の部分は何と呼ばれているか？　ABCDの中から1つ選びなさい。

1回目

A：プロパティ名

2回目

B：プロパティ値

C：宣言ブロック

3回目

D：セレクタ

正解　A：HTMLファイルがCSSを理解しやすくしてJavaScriptを動かす
　　　　　ため

　　多くの場合、HTMLファイルとは別に専用のCSSファイルを作成
し、HTMLファイル内から参照する形が取られています。その理由に
は次の3つがあります。
・HTMLファイルを軽量化してウェブページの表示速度を速くするため
・HTMLファイルとは分けて管理をしやすくするため
・他のHTMLファイルからも参照して再利用できるようにするため

正解　A：プロパティ名

　　CSSにおける「color:」や「background-color:」の部分はセレクタ
で指定された部分の何を装飾するのかを指定する部分でプロパティ
名と呼ばれています。

第85問

Q 次の文中の空欄[　]に入る最も適切な語句をABCDの中から1つ選びなさい。

1回目

CSSを使うと文字や画像の装飾だけではなく、ページ全体の[　]こともできる。この機能を使うことによりウェブページを雑誌のように華やかなものにすることが可能になる。

2回目

3回目

A：UXを最高のものにする

B：UIを高機能化する

C：機能性を高めること

D：レイアウトを組む

第86問

Q 次の文中の空欄[1]と[2]に入る最も適切な語句の組み合わせをABCDの中から1つ選びなさい。

1回目

JavaScriptを活用することにより、ユーザーがウェブページ上で何らかのアクションを起こすと、それをプログラムが[1]として認識する。そしてあらかじめプログラムされた手順に従って[2]として画面の指定された部分が変化する。

2回目

3回目

A：[1]インプット　　　　[2]アウトプット

B：[1]アウトプット　　　[2]インプット

C：[1]インプット　　　　[2]プログラム

D：[1]命令　　　　　　　[2]指示

正解 D：レイアウトを組む

　CSSを使うと文字や画像の装飾だけではなく、ページ全体のレイアウトを組むこともできます。この機能を使うことによりウェブページのレイアウトを単調なものではなく、雑誌のように華やかなものにすることが可能です。

正解 A：[1]インプット　[2]アウトプット

　JavaScriptを活用することにより、ユーザーがウェブページ上で何らかのアクションを起こすと、それをプログラムがインプット（入力）として認識します。そしてあらかじめプログラムされた手順に従ってアウトプット（出力）として画面の指定された部分が変化します。

第 8 章

プログラミング

第87問

Q CPUとは何の略か？　最も適切なものをABCDの中から1つ選びなさい。

A：Central Progress Unit

B：Center Processing Unit

C：Central Processing Unit

D：Center Progress Unit

第88問

Q 次の文中の空欄[1]と[2]に入る最も適切な語句の組み合わせをABCD
の中から1つ選びなさい。

PHPなどのサーバーサイドプログラムと連携して使用されるデータベースに
は、MySQL、[1]、SQLite、[2]などがある。

A：[1]PostgreSQL　　　[2]Oracle Database

B：[1]PosterSQL　　　[2]Orale Database

C：[1]PostageSQL　　　[2]Google Database

D：[1]PostgreSQL　　　[2]Omni Database

第89問

Q 次の文中の空欄[1]と[2]に入る最も適切な語句の組み合わせをABCD
の中から1つ選びなさい。

PDOとは、[1]の略で、PHPから[2]にアクセスをさせてもらうための手続き
のことである。

A：[1]PHP Data Objects　　　[2]テーブルデータ

B：[1]PHI　　　[2]データベース

C：[1]PHI Datatable Objects　　　[2]データテーブル

D：[1]PHP Data Objects　　　[2]データベース

正解　C：Central Processing Unit

　CPUとは「Central Processing Unit（セントラルプロセッシング
ユニット）」のことで、日本語では「中央処理装置」や「中央演算処理装
置」と訳されています。データ処理や他の部品の動きを管理している
パソコンの頭脳の役割をする重要な部品です。

正解　A：[1]PostgreSQL　　[2]Oracle Database

　PHPなどのサーバーサイドプログラムと連携して使用されるデー
タベースには、MySQL（マイエスキューエル）、PostgreSQL（ポスト
グレスキューエル）、SQLite（エスキューライト）、Oracle Database
（オラクルデータベース）などがあります。

正解　D：[1]PHP Data Objects　[2]データベース

　PDOとは、PHP Data Objectsの略で、PHPからデータベース
にアクセスをさせてもらうための手続きのことです。

第90問

Q MySQLで作成したデータベース内のデータを操作するためのSQL文に含まれにくいものはどれか?　ABCDの中から1つ選びなさい。

A：INSERT

B：OUTPUT

C：SELECT

D：UPDATE

正解 B：OUTPUT

MySQLで作成したデータベース内のデータを操作するためのSQL
文には次の4種類が含まれます。

●SQL文の種類

SQL文	説明
SELECT	データベース内のデータを検索して取得するための文
INSERT	データベース内に新しいレコードを追加するための文
UPDATE	データベース内の既存のレコードを更新するための文
DELETE	データベース内の既存のレコードを削除するための文

第9章

応用問題

第91問

Q 次の図はどのような技術を使うと実現できる効果か？　最も適切な語句を
ABCDの中から1つ選びなさい。

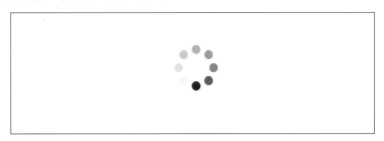

A：HTML
B：CSS
C：XML
D：SSL

正解　B：CSS

　設問の図は、CSSを使った単純なアニメーション効果を示すものです。

第92問

Q 次のソースコードは、どのような効果を実現するためのものか? 最も適切な語句をABCDの中から1つ選びなさい。

```
var img = new Array();
img[0] = new Image(303,111);
img[1] = new Image(303,111);
img[0].src = "sample_over.png";
img[1].src = "sample_out.png";

function changeImg(num) {
    document.getElementById("image").src = img[num].src;
}
```

A:ボタンオーバー

B:ボタンクロス

C:クロスオーバー

D:マウスオーバー

正解　D：マウスオーバー

　設問のソースコードはボタンの上にマウスを移動すると変化するマウスオーバーという効果を実現するためのJavaScriptファイル内のソースコードです。

第93問

Ｑ 次のソースコードは、どのような効果を実現するためのものか？　最も可能
性が高いものをABCDの中から1つ選びなさい。

```
const slides = document.querySelectorAll('.slide');
let currentSlide = 0;

function showSlide() {
  slides.forEach((slide) => (slide.style.display = 'none'));
  slides[currentSlide].style.display = 'flex';
}

function changeSlide() {
  currentSlide = (currentSlide + 1) % slides.length;
  showSlide();
}

showSlide();
setInterval(changeSlide, 3000);
```

Ａ：画像の自動切り替え

Ｂ：画像の時差表示

Ｃ：メニュー項目の自動切り替え

Ｄ：メニュー項目の詳細表示

正解　A：画像の自動切り替え

　　設問のソースコードは画像の自動切り替えという効果を実現するためのJavaScriptファイル内のソースコードです。

第94問

Q 次のソースコードは、どのような効果を実現するためのものか? 最も可能性が高いものをABCDの中から1つ選びなさい。

1回目

2回目

3回目

```
const textfield = document.getElementById("textfield");
const suggestions = document.getElementById("suggestions");
const keywords =
  ["apple", "banana", "cherry", "date", "elderberry", "fig"];
textfield.addEventListener("input", function () {
  const value = this.value;
  suggestions.innerHTML = "";
  for (const keyword of keywords) {
    if (keyword.startsWith(value)) {
      const suggestion = document.createElement("li");
      suggestion.innerHTML = keyword;
      suggestion.addEventListener("click", function () {
        textfield.value = keyword;
        suggestions.innerHTML = "";
      });
      suggestions.appendChild(suggestion);
    }
  }
});
```

A：メニュー表示候補の手動表示

B：アウトプット値の自動表示

C：キーワード候補の自動表示

D：メニュー表示候補の自動表示

正解　C：キーワード候補の自動表示

　設問のソースコードは画像のキーワード候補の自動表示という効果を実現するためのJavaScriptファイル内のソースコードです。

第95問

Q 次のソースコードは、何のソースコードか?　最も可能性が高いものを
ABCDの中から1つ選びなさい。

```
var img = new Array();
img[0] = new Image(303,111);
img[1] = new Image(303,111);
img[0].src = "sample_out.png";
img[1].src = "sample_over.png";

function changeImg(num) {
    document.getElementById("image").src = img[num].src;
}
```

A：JavaScript
B：PHP
C：Ruby
D：CSS

第96問

Q 次の図は何か?　最も可能性が高いものをABCDの中から1つ選びなさい。

A：MyPhpAdmin
B：phpMyAdmin
C：phpAdminME
D：MyAdminPhp

正解　A：JavaScript

　設問のソースコードは外部ファイル化されたJavaScript専用ファイルのものです。

正解　B：phpMyAdmin

　設問の図は、「phpMyAdmin」というデータベース管理画面です。

第97問

Ｑ 次のソースコードは、何を実現するためのソースコードか？　最も可能性が
高いものをABCDの中から1つ選びなさい。

```
$stmt = $pdo->prepare(
    'SELECT * FROM user WHERE mail_address = :mail_address LIMIT 1'
);
$stmt->bindValue(':mail_address', $mail_address, PDO::PARAM_STR);
```

Ａ：データベース内のどの検索ボックスをどのように操作したいのか
　　を記述するもの

Ｂ：データベース内のどの機能をどのように追加したいのかを記述す
　　るもの

Ｃ：ウェブページ内のどのテーブルをどのように操作したいのかを記
　　述するもの

Ｄ：テーブル内のどのデータをどのように操作したいのかを記述する
　　もの

正解 D：テーブル内のどのデータをどのように操作したいのかを記述する
もの

　設問のソースコードはPHPファイル内で、テーブル内のどのデータ
をどのように操作したいのかを記述するものです。

第98問

Q 次のテキストの行間は何%である可能性が最も高いか？　ABCDの中から1つ選びなさい。

> 日本国内においては、2010年まで独自の検索エンジンYST(Yahoo!Search Technology)を使用していたYahoo! JAPANはYSTの使用をやめて、Googleをその公式な検索エンジンとして採用しました。
>
> それは、Googleの絶え間ない検索結果品質向上の努力が認められたからに他なりません。今日では日本国内の検索市場の90％近くのシェアをGoogleは獲得することになり検索エンジンの代名詞とも言える知名度を獲得しました。
>
> このことにより日本国内ではGoogleに対するSEOを実施することは、同時にYahoo! JAPANのSEOも実施することになります。

A：25%

B：50%

C：100%

D：125%

第99問

Q 次のフォントは何体のフォントか？　ABCDの中から1つ選びなさい。

A：サンセリフ体

B：セリフ体

C：ノンセリフ体

D：セリフゴシック体

正解 C：100%

設問のテキストの行間は100%です。

正解 A：サンセリフ体

設問のフォントはサンセリフ体のArialを適用したテキスト例です。

第100問

Q 次の画像は何を説明する画像である可能性が最も高いか？ ABCDの中から1つ選びなさい。

拡大

A：ラスター形式で保存した写真を拡大した様子

B：ベクター形式で保存した写真を拡大した様子

C：セクター形式で保存した写真を拡大した様子

D：SVC形式で保存した写真を拡大した様子

正解　A：ラスター形式で保存した写真を拡大した様子

　設問の画像はラスター形式で保存した写真を拡大した様子です。

ウェブマスター検定3級 模擬試験問題

※解答は157ページ、解説は159ページ参照

第1問

Q：ウェブサイトの制作に関する考え方として、次の選択肢の中で最も適切なものをABCDの中から1つ選びなさい。

A：集客力のあるウェブサイトを持つためには、運良く優秀な専門家に出会うことが最も重要である。

B：ウェブサイトの制作に関してまったく知識がないと、経営環境の変化に対応することが難しい。

C：すべてのウェブサイト制作は自社内で行うべきである。

D：専門家にすべてを任せることで、常に最高のウェブサイトが得られる。

第2問

Q：サイトゴールの例として適切ではないものはどれか？　ABCDの中から1つ選びなさい。

A：オンラインでの資料請求を1年以内に月平均5000件超を獲得する

B：オンラインでの資料請求を獲得する

C：ソーシャルメディアの合計フォロワー数1万人以上を達成する

D：実店舗に来店する顧客数を現在の3倍以上に増やす

第3問

Q:サイトゴールを設定する際の注意点に関する説明として、最も適切なものをABCDの中から1つ選びなさい。

A：自社の強みや競争環境を考慮せずに、実現不可能な目標を設定することで、チームのモチベーションが上がる。

B：サイトゴールを設定する際は、他の企業と同じ目標を採用することで安全性を確保できる。

C：サイトゴールは、制作チームだけで決め、経営層やマーケティングチームの意見は取り入れない方がよい。

D：一方的に高い目標を設定するのではなく、自社の強みや置かれている競争環境を考慮する必要がある。

第4問

Q：次の文中の空欄[　]に入る最も適切な語句をABCDの中から1つ選びなさい。

[　]とは、自社の商品・サービスのターゲットユーザーを詳細化して、架空のユーザー像に置き換えた人物像のことをいう。[　]を設定することにより、ウェブサイトのデザイン・コンテンツの方向性がさらに明確になり、集客効果の高いサイトに近づけることが可能になる。

A：パーソナ

B：ペルソナ

C：パラソラ

D：パルソナ

第5問

Q：サイトマップには複数の意味がある。それらに含まれにくいものをABCDの中から1つ選びなさい

A：HTMLサイトマップ

B：サイト全体の構成案をわかりやすい図や表にしたもの

C：XMLサイトマップ

D：ユーザーがサイト全体で望むデザインを表にしたもの

第6問

Q：次の文中の空欄[　]に入る最も適切な語句をABCDの中から1つ選びなさい。

ワイヤーフレームを作成した後のステップは、ワイヤーフレームをもとにしてページデザインの最終型を決める[　]の作成である。

A：デザインフレーム

B：ラストデザイン

C：ワイヤーカンプ

D：デザインカンプ

第7問

Q：コンテンツに関する記述として、ABCDの中から最も正確なものを1つ選びなさい。

A：コンテンツは情報の中身のことで、ウェブサイトの成功に大きく影響する。

B：コンテンツの作成は、通常ウェブデザインの工程よりも短い時間で完了する。

C：コンテンツとは、ウェブサイトの色やフォントの選択に関連するものである。

D：ウェブサイトのコンテンツは一度作成すれば変更の必要はほとんどない。

第8問

Q：次の文中の空欄[1]、[2]、[3]に入る最も適切な語句の組み合わせをABCDの中から1つ選びなさい。

HTMLはウェブページの[1]を表現するもので、CSSはそこに[2]を加えるものである。そこにさらに[3]を与えるものがプログラムである。

A：[1]基本構造　　　[2]装飾性　　　[3]動き

B：[1]基本構成　　　[2]柔軟性　　　[3]輝き

C：[1]基本構造　　　[2]機動性　　　[3]動き

D：[1]基本属性　　　[2]装飾性　　　[3]輝き

第9問

Q：次の文中の空欄[　]に入る最も適切な語句をABCDの中から1つ選びなさい。

[　]とは、クライアント側のデバイス上ではなく、サーバー上で実行される「PHP」などのコンピュータプログラムのことである。

A：サーバーサイドプログラム

B：サーバーメソッドプログラム

C：サーバーサイドアルゴリズム

D：サーバーアプリプログラム

第10問

Q：ブランディングの主要な目的は何か？　最も適切な語句をABCDの中から1つ選びなさい。

A：多くの消費者に自社の商品を即座に購入してもらう理由を与えること。

B：競合他社の製品よりも自社の製品を選択してもらう理由を与えること。

C：自社の製品の生産コストを削減して購入してもらう理由を与えること。

D：精神的な価値を高めて自社の製品を購入してもらう理由を与えること。

第11問

Q：サイトゴールの具体例として適切ではないものはどれか？　ABCDの中から1つ選びなさい。

A：毎月4名以上のインプラント治療の患者を獲得する

B：モデルハウスへの来客数を月平均30件以上獲得する

C：毎月3000人以上のチャンネル登録者を獲得する

D：新規の顧問契約を毎月20件以上達成する

第12問

Q：次の文中の空欄[1]と[2]に入る最も適切な語句の組み合わせをABCDの中から1つ選びなさい。

[1]とは、その市場の[2]のことで、年間どのくらいの金額の売り上げが市場全体で発生しているか、または発生することが予想されるかというものである。

A：[1]市場規模　　　　　[2]大きさ

B：[1]市場調査　　　　　[2]成長性

C：[1]市場金額　　　　　[2]大きさ

D：[1]市場規模　　　　　[2]成長性

第13問

Q：次の文中の空欄[　]に入る最も適切な語句をABCDの中から1つ選びなさい。

市場の成長理由が時間の経過とともに変わるか、あるいは失われることがある。そのため、市場が確かに過去に成長してきたとしても、[　]。

A：近い将来成長が止まるか、縮小するリスクがある

B：急激に想定した市場の拡大が進む可能性がある

C：将来的にさらにターゲットにした市場が成長する保証はある

D：想定した市場の多少の縮小は経営にとって有利である

第14問

Q：「SWOT分析」とは、企業が戦略を立てるために、自社が置かれている経営環境を外部環境と内部環境の4つの要素で分析するフレームワークを意味する。それら4つとは次のうちどれか？　ABCDの中から1つ選びなさい。

A：Strength、Weakness、Operation、Threat

B：Strength、Weakness、Opportunist、Thread

C：Stranger、Weakness、Opportunity、Threat

D：Strength、Weakness、Opportunity、Threat

第15問

Q：次の文中の空欄[1]、[2]、[3]に入る最も適切な語句の組み合わせをABCDの中から1つ選びなさい。

競合サイトのアクセス状況を推測できる[1]を使えば、競合サイトの[2]や、どのページが人気ページなのか、どんなSNSを活用してアクセス数を増やしているのか、検索エンジンでどんなキーワードで検索したユーザーがサイトを訪問したのかという[3]までをも知ることが可能である。

A：[1]サーチコンソール　　　[2]月間検索数の推移　　　[3]流出キーワード

B：[1]競合調査ツール　　　　[2]月間アクセス数の推移　　[3]流入キーワード

C：[1]GA4　　　　　　　　[2]月間アクセス数の推移　　[3]流入キーワード

D：[1]競合調査ツール　　　　[2]月間売上数の推移　　　[3]流入キーワード

第16問

Q：B2Eとは何の略か？　最も適切なものをABCDの中から1つ選びなさい。

A：Business to Employee

B：Business to Employment

C：Business to Emplore

D：Business to Employer

第17問

Q：B2Cにおいて設定するユーザー属性に最も含まれにくいものはどれか？　ABCDの中から1つ選びなさい。

A：職業

B：規模

C：年齢

D：居住地域

第18問

Q：ハイレベルサイトマップについての正しい記述はどれか？　ABCDの中から1つ選びなさい。

A：ハイレベルサイトマップは、ウェブサイトの企画段階のイメージ図で、主要なページをツリー型の図で表現するものである。

B：ハイレベルサイトマップは、主要なページだけをリストアップし、グラフで表現するものである。

C：ハイレベルサイトマップは、ウェブサイトの最終段階で作成される詳細な構造図である。

D：ハイレベルサイトマップは、サイトの全ページを網羅して詳細にリストアップする図である。

第19問

Q：ウェブサイトに必要なページにはさまざまなものがある。その中でも、企業の信頼性を高めるページの組み合わせに含まれにくいものは次のうちどれか？　ABCDの中から1つ選びなさい。

A：誓い、ブランドプロミス

B：経営理念、物語、組織図、約束

C：フロアガイド、用語集ページ

D：サステナビリティ、社会貢献活動

第20問

Q：ワイヤーフレームを作る理由は次のうちどれか？　ABCDの中から1つ選びなさい。

A：ユーザーが探している情報を見つけやすいページを設計し、サイトゴールを達成しやすくする

B：発注者が探している情報を見つけやすいページを設計し、サイトゴールを達成しやすくする

C：サイト運営者が探している情報を見つけやすいページを設計し、サイトゴールを達成しやすくする

D：クローラーが探している情報を見つけやすいページを設計し、サイトゴールを達成しやすくする

第21問

Q：効果的なワイヤーフレームを作る手順は次のうちどれか？　ABCDの中から1つ選びなさい。

A：ターゲットユーザーとペルソナを確認する→サイトゴールを確認する→必要な情報要素をリストアップする→レイアウトを決める

B：必要な情報要素をリストアップする→サイトゴールを確認する→ターゲットユーザーとペルソナを確認する→レイアウトを決める

C：レイアウトを決める→ターゲットユーザーとペルソナを確認する→必要な情報要素をリストアップする→サイトゴールを確認する

D：サイトゴールを確認する→ターゲットユーザーとペルソナを確認する→必要な情報要素をリストアップする→レイアウトを決める

第22問

Q：次の文中の空欄[1]と[2]に入る最も適切な語句の組み合わせをABCDの中から1つ選びなさい。

[1]は、[2]をもとに作られる。[2]の段階ではページの基本的なレイアウトと情報要素の大体の配置だけを決めるが、[1]では色や使用する画像などの詳細を決める。

A：[1]デザインカンプ　　　[2]ワイヤーフレーム
B：[1]詳細サイトマップ　　[2]デザインカンプ
C：[1]サイトレイアウト　　[2]詳細サイトマップ
D：[1]ワイヤーフレーム　　[2]デザインカンプ

第23問

Q：UXに含まれにくい要素の組み合わせはどれか？　ABCDの中から1つ選びなさい。

A：フォームの入力が簡単にできる
B：デザインが美しくサイト内のいろいろなページが見たくなる
C：HTMLのソースコードの書き方がきれいである
D：ページの表示速度が速くてサクサク見られる

第24問

Q：次の文中の空欄[1]と[2]に入る最も適切な語句の組み合わせをABCDの中から1つ選びなさい。

[1]とは、制作物の[2]のことである。実際に操作して動作を確認できる部分的な[2]が[1]である。システム開発の現場では[1]が制作されることはあるが、ウェブデザインで[1]を作ることはあまりない。

A：[1]プロトタイプ　　　[2]試作品
B：[1]デザインタイプ　　[2]模造品
C：[1]プロトタイプ　　　[2]模造品
D：[1]デザインワイヤー　[2]試作品

第25問

Q：次の文中の空欄[1]と[2]に入る最も適切な語句の組み合わせをABCDの中から1つ選びなさい。

デザイン性は確かにウェブデザインをするにあたり重要だが、企業サイトのウェブデザインの最大の目的はサイトゴール、もっというと[1]を達成することである。[2]のサイトを作ることや発注主が個人的に好むデザインのサイトを作ることではない。

A：[1]ウェブチームのゴール　　　[2]個性的なデザイン
B：[1]ビジネス上のゴール　　　　[2]独創的なデザイン
C：[1]ウェブチームのゴール　　　[2]独創的なデザイン
D：[1]サイト戦略上のゴール　　　[2]個性的なUXとUI

第26問

Q：スマートフォンが普及する前の時代にはPCサイトのデザイントレンドにはさまざまなものがあった。それらのデザイントレンドに最も該当しにくいものはどれか？　ABCDの中から1つ選びなさい。

A：見出し部分の文字がテキストではなく、画像で作り立体感がある凝ったデザイン
B：ボタンリンクは立体的でキャンディーのようなグラデーションがかかった派手な色
C：ページの幅が当時のパソコン画面の幅が狭かったのでそれに対応して狭い
D：ロゴが立体的ではなく、テキストで作りページの装飾性が非常に高いデザイン

第27問

Q：次の文中の空欄[1]と[2]に入る最も適切な語句の組み合わせをABCDの中から1つ選びなさい。

パソコンのモニターの[1]は数年おきに高くなり、横幅のピクセル数が増えていったため、最近のPCサイトのページの横幅はとても広くなってきている。それに伴い、ページ内に配置する[2]のサイズが大きくなり[2]に迫力が加わるようになった。

A：[1]性能　　　　[2]画像
B：[1]解像度　　　[2]動画
C：[1]性能　　　　[2]リンク画像
D：[1]解像度　　　[2]画像

第28問

Q：次の文中の空欄[　]に入る最も適切な語句をABCDの中から1つ選びなさい。

[　]のメリットは、サイドバーをなくすことでスッキリとして、メインコンテンツの幅が画面いっぱいに広がることである。

A：シングルカラム
B：ツーカラム
C：ツインカラム
D：スリーカラム

第29問

Q：次の文中の空欄[　]に入る最も適切な語句をABCDの中から1つ選びなさい。

[　]のメリットは、一度に多くの情報を表示させることができることです。1つの画面にたくさんのリンク、バナーを載せることができるため、ユーザーが他のページに移動する確率が高まり回遊率が高まることが期待できます。

A：1カラム

B：2カラム

C：3カラム

D：4カラム

第30問

Q：次の文中の空欄[　]に入る最も適切な語句をABCDの中から1つ選びなさい。

[　]とは、ウェブ上に存在するサイトを巡回してGoogleなどの検索エンジンの検索順位を決めるために必要な要素を収集するロボットプログラムのことを指す。

A：インデックス

B：アルゴリズム

C：クローラー

D：インテリジェンス

第31問

Q：次の文中の空欄[1]、[2]、[3]に入る最も適切な語句の組み合わせをABCDの中から1つ選びなさい。

[1]に失敗すると、サイトを訪問したユーザーは自分が探している情報を見つけることができなくなり、迷子になる。そして検索エンジンやこちらのサイトにリンクを張っているサイトに戻ってしまい[2]が高くなる。このことによる[3]は計り知れないほど大きなものになる。

A：[1]ナビゲーション設計　　　[2]直帰率　　　[3]経済的損害

B：[1]ディレクトリ計画　　　[2]離脱率　　　[3]機会損失

C：[1]デザイナー設計　　　[2]直帰率　　　[3]経済的損害

D：[1]サイトマップ計画　　　[2]離脱率　　　[3]機会損失

第32問

Q：次の文中の空欄[1]と[2]に入る最も適切な語句の組み合わせをABCDの中から1つ選びなさい。

[1]が普及したことにより、サイトの[2]ため、モバイルサイトには画像を使わずにテキストでリンクを張ることが増えた。

A：[1]スマートフォン　　　[2]表示速度を速くする

B：[1]ブロードバンド　　　[2]コンバージョン率を高くする

C：[1]検索エンジン　　　[2]表示速度を速くする

D：[1]スマートフォン　　　[2]コンバージョン率を高くする

第33問

Q：次の文中の空欄[1]と[2]に入る最も適切な語句の組み合わせをABCDの中から1つ選びなさい。

[1]とは、[2]とも呼ばれるもので、メニュー項目にマウスを合わせたとき、またはクリックしたときにサブメニューが飛び出すように表示するメニューのことである。

A：[1]ポップダウンメニュー　　　[2]ドロップダウンメニュー
B：[1]ポップメニュー　　　　　　[2]マウスオーバーメニュー
C：[1]ポップアップメニュー　　　[2]ドロップダウンメニュー
D：[1]ポップアップメニュー　　　[2]マウスオーバーメニュー

第34問

Q：次の文中の空欄[1]と[2]に入る最も適切な語句の組み合わせをABCDの中から1つ選びなさい。

[1]メニューとは、[2]のアイコンを使ったナビゲーションメニューのことで、スマートフォンではタップ、パソコンではクリックするとメニュー項目が表示されるものである。[2]のデザインが[1]の形に見えることから[1]メニューと呼ばれている。

A：[1]サンドイッチ　　　[2]2本線
B：[1]ハンバーガー　　　[2]3本線
C：[1]サンドイッチ　　　[2]1本線
D：[1]ハンバーガー　　　[2]4本線

第35問

Q：次の文中の空欄[　]に入る最も適切な語句をABCDの中から1つ選びなさい。

サイドバーのリンク先には[　]という2つのパターンがある。

A：水平マップ型と垂直マップ型
B：サイトディレクトリ型とローカルディレクトリ型
C：グローバルマップ型とローカルマップ型
D：サイトマップ型とローカルメニュー型

第36問

Q：次の文中の空欄[　]に入る最も適切な語句をABCDの中から1つ選びなさい。

パンくずリストは、ユーザーがサイト内のどの位置、階層にいるのかを[　]に示すテキストリンクのことをいう。サイトを訪問したユーザーはパンくずリストを見ることにより、現在自分がサイト内のどこにいるのかがわかるため、迷子になることを防ぐ効果がある。

A：具体的
B：直感的
C：直接的
D：感情的

第37問

Q：カラー設計に関する次の記述の中で正しいものはどれか？　ABCDの中から1つ選びなさい。

A：カラー設計は、色の物理的な性質のみを利用して配色を行うことを目的とする。
B：カラー設計は、UIを最大化することを目的としている。
C：カラー設計は、色の各性質を利用し、ユーザー体験を快適にすることを目指す。
D：カラー設計は、主に音の持つ特性を利用して、空間をデザインすることを目的とする。

第38問

Q：次の文中の空欄[1]と[2]に入る最も適切な語句の組み合わせをABCDの中から1つ選びなさい。

ユーザーは自社のサイトだけを見るのではなく、自社と競合する同業他社のサイトも見るはずである。そのため、その業界の[1]とまったく合わない色使いをしているサイトを作ってしまうとユーザーが[2]に拒絶するというリスクが生じる。

A：[1]伝統　　　　　　[2]直感的、経済的
B：[1]イメージ　　　　[2]心理的、生理的
C：[1]雰囲気　　　　　[2]直感的、経済的
D：[1]トーン　　　　　[2]心理的、直情的

第39問

Q：「生命力、エネルギー、熱さ、活力、強さ、情熱、興奮」を示すイメージはどの色か？最も適切なものをABCDの中から1つ選びなさい。

A：黒色
B：赤色
C：青色・紺色
D：水色

第40問

Q：「高級、豊かさ、富、権力」を示すイメージはどの色か？　最も適切なものをABCDの中から1つ選びなさい。

A：パステルカラー
B：灰色
C：白色
D：ゴールド

第41問

Q：インターネットの前身となったネットワークは何をはじめて運用したネットワークとして知られているか？　最も適切な語句をABCDの中から1つ選びなさい。

A：光ファイバー通信によるコンピュータネットワーク

B：パケット通信によるコンピュータネットワーク

C：アナログ通信によるコンピュータネットワーク

D：衛星通信によるコンピュータネットワーク

第42問

Q：Telnetの発明がコンピュータの普及に貢献した理由は何か？　最も適切なものをABCDの中から1つ選びなさい。

A：Telnetによりパーソナルコンピューターの生産が容易になった。

B：Telnetによりコンピュータの価格が下がった。

C：Telnetにより誰もがコンピュータを利用できる環境が整った。

D：Telnetにより高速なインターネット接続が可能になった。

第43問

Q：NNTPとは何か？　最も正しい説明をABCDの中から1つ選びなさい。

A：NNTPとはNetnews Neuro Transfer Protocolの略で、ネットワーク上で記事の投稿や配信、閲覧などを行うための通信プロトコルの1つである。

B：NNTPとはNetwork News Transcript Protocolの略で、ネットワーク上で記事の投稿や編集、閲覧などを行うための通信プロトコルの1つである。

C：NNTPとはNetwork News Transfer Protocolの略で、ネットワーク上で記事の投稿や配信、閲覧などを行うための通信プロトコルの1つである。

D：NNTPとはNetnews Network Transfer Protocolの略で、ネットワーク上で記事の投稿や配信、閲覧などを行うための通信プロトコルの1つである。

第44問

Q：siteとは何かの説明について最も正しいものをABCDの中から1つ選びなさい。

A：siteとは英語で敷地、場所という意味で、企業や政府、団体、個人がウェブ上で情報発信を行うための情報拠点として使用されるものである。最初に公開されたウェブサイトは、TCP/IPを考案したティム・バーナーズ=リー博士によるもので1990年に公開された。

B：siteとは英語で営業場所という意味で、企業や政府、団体がウェブ上で情報発信を行うための情報拠点として使用されるものである。最初に公開されたウェブサイトは、ウェブを考案したティム・バーナーズ=リー博士によるもので1991年に公開された。

C：siteとは英語で敷地、場所という意味で、企業や政府、団体、個人がウェブ上で情報発信を行うための情報拠点として使用されるものである。最初に公開されたウェブサイトは、ウェブを考案したティム・バーナーズ=リー博士によるもので1991年に公開された。

D：siteとは英語で営業、場所という意味で、企業や政府、団体、個人がウェブ上で情報発信を行うための情報拠点として使用されるものである。最初に公開されたウェブサイトは、ウェブを考案したティム・パクスリー博士によるもので1980年に公開された。

第45問

Q：次の文中の空欄[1]と[2]に入る最も適切な語句の組み合わせをABCDの中から1つ選びなさい。

ウェブ誕生当時は、検索エンジンには2つの形があった。1つは人間が目で1つひとつのウェブサイトを見て編集する[1]検索エンジンで、もう1つはソフトウェアが自動的に情報を収集して編集する[2]の検索エンジンである。

A：[1]ディレクトリ型　　　[2]カテゴリ型
B：[1]エディトリアル型　　[2]ロボット型
C：[1]ディレクトリ型　　　[2]プラットフォーム型
D：[1]ディレクトリ型　　　[2]ロボット型

第46問

Q：ロボット型検索エンジンのメリットではないものはどれか？　ABCDの中から1つ選びなさい。

A：ウェブサイト単位だけでなくウェブページ単位で登録するため、特定のキーワード検索にマッチしたウェブページが表示される。

B：定期的にクローラーがインターネットを巡回することで比較的新しいウェブページが登録されている。

C：常に複数のクローラーがインターネットを巡回し、自動的に情報を取得するため、大量のウェブサイト、ウェブページの情報がデータベースに登録されている。

D：SMTPのプロトコルでクロールするため、人的に管理する検索エンジンと比べると情報を取得するスピードが速い

第47問

Q：次の文中の空欄[1]と[2]に入る最も適切な語句の組み合わせをABCDの中から1つ選びなさい。

Googleなどの総合的な情報を取り扱う検索サイトは[1]と呼ぶ一方、特定のカテゴリを細かく条件付けした検索をすることを[2]と呼ぶ。

A：[1]総合検索　　　　　[2]専門検索
B：[1]水平検索　　　　　[2]専門検索
C：[1]水平検索　　　　　[2]垂直検索
D：[1]垂直検索　　　　　[2]条件検索

第48問

Q：次の文中の空欄[1]、[2]、[3]に入る最も適切な語句の組み合わせをABCDの中から1つ選びなさい。

電子掲示板の登場によりはじめて[1]が自由に自分たちの意見を投稿し自由な発言をすることが可能になった。それにより消費者の率直な商品・サービスへの感想や、[2]がどのような顧客対応をしているかが透明化され、[3]が購入決定をする際の判断材料として利用されるようになった。

A：[1]企業　　　　　[2]消費者　　　　　[3]消費者
B：[1]消費者　　　　[2]企業　　　　　　[3]消費者
C：[1]企業　　　　　[2]消費者　　　　　[3]企業
D：[1]消費者　　　　[2]企業　　　　　　[3]企業

第49問

Q：ウェブサイトの数が爆発的に増えた結果、消費者は1つひとつのウェブサイトに対して長い時間をかけて情報を収集し、比較検討することが困難な状況に陥るようになった。その結果、人気が高まるようになったのは次のうちどのサービスか？　最も適切なものをABCDの中から1つ選びなさい。

A：比較サイト、口コミサイト、ランキングサイト
B：情報サイト、口コミサイト、掲示板サイト
C：比較サイト、口コミサイト、ショッピングサイト
D：情報サイト、口コミサイト、ポータルサイト

第50問

Q：次の文中の空欄[　]に入る最も適切な語句をABCDの中から1つ選びなさい。

スマートフォンが誕生した当初はスマートフォン専用サイトとデスクトップ（パソコン）専用のウェブサイトをそれぞれ別に作る形が主流だった。しかし、時間とともに1つのウェブサイトが画面の大きさに応じて伸縮し、画像を出し分ける[　]という技術で作ることが大勢を占めるようになり、一度の手間でパソコンで見るサイトとスマートフォンで見るサイトの両方を作成できるようになった。

A：レスポンスページデザイン
B：レスポンシブウェブデザイン
C：レスポンスブウェブデザイン
D：レスポンシブサイトデザイン

第51問

Q：オンラインショッピングモールを利用する際の注意点に含まれにくいものを1つABCDの中から選びなさい。

A：モール側が各種料金の値上げや新しいサービスを始めてその費用を請求することがある
B：モールでは名前を売るのではなく、とにかく商品を売ることを当面の目標にする
C：モール内での競争が激しいので自社オリジナル商品を出品しないと儲けが少ない
D：モール側のルールに従わなければならない

第52問

Q：次の文中の空欄[　]に入る最も適切な語句をABCDの中から1つ選びなさい。

無料ユーザー向けメールマガジンの読者にメールマガジン記事内で有料サービスを告知したときの成約率は、100人にメールマガジンを配信したら[　]の確率での購入が期待できる。

A：0.01人から0.1人
B：0.05人から0.5人
C：0.1人から1人
D：1人から10人

第53問

Q：ソーシャルメディアを使えば、自社独自でシステム開発費を払わなくても無料で情報発信ができます。SNSに企業が投稿する情報として適切ではないものが含まれる組み合わせはどれか？　ABCDの中から1つ選びなさい。

A：キャンペーン情報、無料サービスの提供、優良顧客の詳しい情報
B：ブログの更新情報、ユーザー紹介・お客様紹介、商品・サービスの活用事例
C：無料お役立ち情報、スタッフの日常報告、プレゼント情報、マスコミの取材報告
D：商品・サービス情報、商品・サービスの活用方法、アンケート募集案内

第54問

Q：販売代理店制度を作り、他社のウェブサイト上で商品・サービスを販売してもらうという手法は非常に便利だが、いくつかの点に気を付けなくてはならない。特に注意すべき点の組み合わせをABCDの中から1つ選びなさい。

A：最高価格のコントロールと仕入先の離反
B：仕入れ価格のコントロールと仕入先の選定
C：仕入れ価格を低くすることと代理店の離反
D：販売価格のコントロールと代理店の離反

第55問

Q：SEOのメリットに含まれにくいものは次のうちどれか？　ABCDの中から1つ選びなさい。

A：継続的な集客が見込める
B：SNSを使わなくてもよくなる
C：ブランディング効果がある
D：広告費をかけなくても集客ができる

第56問

Q：ウェブページで一般的に使用される画像ファイルの種類に当てはまらないものはどれか？　ABCDの中から1つ選びなさい。

A：WebP
B：SVC
C：JPEG
D：GIF

第57問

Q：PDFが普及した理由は次のうちどれか？　最も適切な説明をABCDの中から1つ選びなさい。

A：Windowsか、MacかというようなOSの種類にかかわらず、どのようなパソコンでも無料でPDFを作成することができるため
B：デスクトップパソコンか、ノートパソコンかというようなパソコンの機種にかかわらず、どのようなOSを搭載したデバイスでも高速の印刷が可能になったため
C：パソコンの機種やプリンターによってレイアウトやフォントが制作者が意図したものとは異なったものが表示されることがないから
D：Windowsか、MacかというようなOSの種類にかかわらず、どのようなパソコンでもセキュリティーを担保することが可能なため

第58問

Q：ナビゲーションバーは他にどのように呼ばれているか？　最も正しいものをABCDの中から1つ選びなさい。

A：サイドメニュー
B：ヘッダーメニュー
C：ボディーナビゲーション
D：フッターメニュー

第59問

Q：3カラムのウェブページのデザインに関して、どのような変化のトレンドが見られたか？　最も正しい説明をABCDの中から1つ選びなさい。

A：3カラムのウェブページが一時期流行ったが、その後シングルカラムのウェブページが増えた。
B：3カラムのウェブページは今でも最も流行っているデザインである。
C：3カラムのウェブページの後、最近は4カラムのウェブページが流行ってきている。
D：3カラムのウェブページが流行った後、4カラムのウェブページが減少してきた。

第60問

Q：トップページのデザインにおいて考慮すべきポイントに関する説明として、最も正しいものはどれか？　ABCDの中から1つ選びなさい。

A：トップページの役割は主に目次的な役割であり、グラフィックデザインやブランディングは重要ではない。
B：トップページはサイト全体の顔としての役割を持ち、商品やサービスの動画を掲載するのが最も重要である。
C：トップページのデザインでは目次的な役割とブランディングのバランスが重要で、どちらか一方の役割を過度に重視するとユーザー体験が損なわれる可能性がある。
D：トップページは主にインパクトのある画像を掲載することが重要で、他の情報はあまり重要ではない。

第61問

Q：サービス業のサイトのサービス案内ページの主な目的は何か？　最も適切なものをABCDの中から1つ選びなさい。

A：サイトのデザインを展示して企業のブランディングを確立する
B：各サービスを詳しく説明し、見込み客からの問い合わせを増やす
C：サイトのアクセス数を公表して、見込み客からの信頼を獲得する
D：サイトの背景や歴史を伝えて、見込み客へ安心感を提供する

第62問

Q：次の文中の空欄[　]に入る最も適切なものをABCDの中から1つ選びなさい。

検索エンジンの自然検索欄に表示されるページと広告専用ページの内容が重複すると自然検索での検索順位が下がってしまうため、広告専用ページのHTMLソース内に「[　]」というような検索エンジンに登録しないためのタグを記載することがあります。

A：<meta name="robot" content="noindex">

B：<meta name="robots" contents="noindex">

C：<meta name="robot" contents="noindex">

D：<meta name="robots" content="noindex">

第63問

Q：ユーザーが知名度の低い企業のウェブサイトを見たとき、不安を感じる際に、その不安を払拭するための効果的なページは何か？　最も効果が期待できるものをABCDの中から1つ選びなさい。

A：事例紹介ページ

B：お問い合わせページ

C：製品詳細ページ

D：企業の歴史ページ

第64問

Q：企業のウェブサイトのページの中でも必須のページである会社概要、企業情報、店舗情報に含める情報の組み合わせとして、もしも6つの情報だけしか含めることができない場合の最も適切な組み合わせはどれか？　ABCDの中から1つ選びなさい。

A：企業名、社員名、事業所の所在地、電話番号、メールアドレス、取引先一覧

B：企業名、代表者名、事業所の所在地、電話番号、メールアドレス、事業内容一覧

C：企業名、代表者名、社員名、外注先名、電話番号、メールアドレス、事業内容一覧

D：企業名、株主名、事業所の所在地、電話番号、メールアドレス、所属団体一覧

第65問

Q：「代表ご挨拶ページ」に関する記述として正しいものはどれか？　ABCDの中から1つ選びなさい。

A：代表ご挨拶ページは商品・サービスを購入する見込み客のみが参照するページである。

B：代表ご挨拶ページは、企業の取り組みや理念、目標などを伝えるためのものである。

C：代表ご挨拶ページには、代表者の写真を掲載しない方が良いとされている。

D：代表ご挨拶ページは、企業の業績や財務情報について詳しく説明するページである。

第66問

Q：サービス業のウェブサイトにおいて、ユーザーがサービスの提供が完了するまでのイメージが湧きにくい場合の対策として、どのようなページの存在が有効だとされているか？　最も適切なものをABCDの中から1つ選びなさい。

A：クライアントの感想を紹介するページ

B：サービスの流れを説明するページ

C：会社の歴史や成り立ちを説明するページ

D：サービスに関するQ&AとFAQページ

第67問

Q：高額な教育サービスや設備の販売、建築サービスを提供する業界での資料請求に関する最近の傾向として、何が効果的とされているか？　最も適切なものをABCDの中から1つ選びなさい。

A：資料を請求されたら、資料を2日後に郵送し、その後、電話をする。

B：資料請求と同時に品質が高い紙の資料のみを速達で郵送する。

C：資料請求と同時にPDF形式で資料をダウンロード可能にする。

D：資料請求後、フォローアップの連絡を毎週1回の頻度で行う。

第68問

Q：次の文中の空欄[1]、[2]、[3]に入る最も適切な語句の組み合わせをABCDの中から1つ選びなさい。

サイト上でユーザー登録するユーザー側のメリットとしては、[1]や、請求書や領収書をログイン後の画面で好きなときに閲覧し、印刷やPDFファイルとして出力できるというものもある。一方、サイト運営者側のメリットとしては、登録されたメールアドレスに向けて[2]などの[3]を送信することが可能になることである。

A：[1]過去の閲覧履歴が閲覧できること　　　[2]メールマガジン
　　[3]無料お役立ち情報

B：[1]過去の購入履歴が閲覧できること　　　[2]ステップメール
　　[3]販促メール

C：[1]過去の閲覧履歴が閲覧できること　　　[2]自動送信メール
　　[3]無料お役立ち情報

D：[1]過去の購入履歴が閲覧できること　　　[2]メールマガジン
　　[3]販促メール

第69問

Q：次の文中の空欄[　]に入る最も適切な語句をABCDの中から1つ選びなさい。

[　]とは、インターネットを通じて遠隔からソフトウェア、ツールをユーザーが利用することを可能にするサービスのことである。

A：APCサービス

B：ACSサービス

C：APSサービス

D：ASPサービス

第70問

Q：WordPressのメリットに該当ししにくい組み合わせはどれか？　ABCDの中から1つ選びなさい。

A：インストールが簡単、WordPressに関する書籍や解説サイトが多い

B：操作が簡単、テーマを変更することにより、デザインのリニューアルができる

C：WordPressを使えるデザイナー、エンジニアが多い、動画との相性が良い

D：プラグインを使うことにより、たくさんの機能を追加できる、SEOとの親和性が高い

第71問

Q：ウェブサイトを公開するためのサーバーには3つの層がある。それらに含まれにくいものはどれか？　ABCDの中から1つ選びなさい。

A：データベースサーバー(データ層)

B：アプリケーションサーバー（アプリケーション層）

C：プレゼンテーションサーバー（アプリケーション層）

D：ウェブサーバー（プレゼンテーション層）

第72問

Q：DNSの設定が完了した後、その情報が世界中のサーバーに反映されるまでにかかる平均的な時間はどれくらいか？　最も適切なものをABCDの中から1つ選びなさい。

A：12時間

B：24時間

C：36時間

D：48時間

第73問

Q：次の文中の空欄[1]と[2]に入る最も適切な語句の組み合わせをABCDの中から1つ選びなさい。

[1]とは、Google検索に表示される地図欄に自社情報を登録するものである。[1]に自社の情報や、[2]がある場合は、各[2]の情報を登録すると自社情報が表示され、「ウェブサイト」という欄から自社サイトにリンクを張ることができる。

A：[1]Googleビジネスプロフィール　　　　[2]支店

B：[1]Googleマイビジネス　　　　　　　　[2]ブログ

C：[1]Googleビジネスプロフィール　　　　[2]専門サイト

D：[1]Googleビジネスプレイス　　　　　　[2]支店

第74問

Q：スマートフォンやケーブルテレビを利用することで、インターネット接続においてどのような変化が生じているか？　最も適切な語句をABCDの中から1つ選びなさい。

A：スマートフォンはケーブルテレビと同じ回線を使用している。

B：ケーブルテレビ会社と通信キャリアがISPと回線事業者の双方の役割を果たしている。

C：通信キャリアはケーブルテレビ会社とは異なるISPサービスを提供している。

D：回線事業者のみでインターネット接続が可能になった。

第75問

Q：次のうち、ファイルサーバーの定義として最も正しいものはどれか？　ABCDの中から1つ選びなさい。

A：ユーザーのログイン情報を管理するサーバー

B：インターネットの主要な通信路を提供するサーバー

C：さまざまなデータファイルが格納されているサーバー

D：ウェブページをホスティングするためのサーバー

第76問

Q：ウェブの特性として最も正しいものはどれか？　ABCDの中から1つ選びなさい。

A：インターネットは特定の地域に限定された巨大なネットワークである。

B：ウェブは国境や特定の組織に制約されず、グローバルなネットワークである。

C：インターネットは少数の機関や企業がグローバルに展開し、運営している。

D：インターネットの情報は、ユーザーが直接取得することができない。

第77問

Q：ウェブ1.0に関する記述として最も正確なものはどれか？　ABCDの中から1つ選びなさい。

A：ウェブ1.0では主に動画コンテンツが人気だった。

B：ウェブ1.0は一部の人たちによる一方的な情報発信の形をとっていた。

C：ウェブ1.0は多方向のコミュニケーションを特徴としていた。

D：ウェブ1.0はSNSの利用が主流であった。

第78問

Q：次の画像中の[1]に入る最も適切な語句をABCDの中から1つ選びなさい。

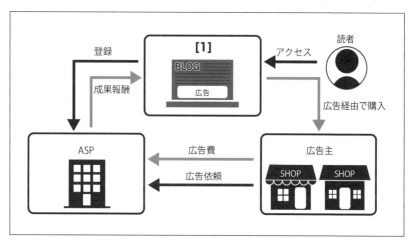

A：広告代理店
B：アフィリエイト
C：プラットフォーム
D：アフィリエイター

第79問

Q：次の図の[1]、[2]、[3]、[4]に入る最も適切な語句の組み合わせをABCDの中から1つ選びなさい。

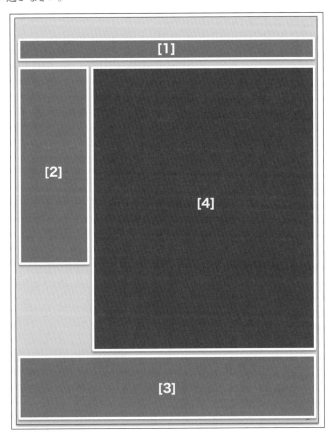

A：[1]ナビゲーションバー　　　[2]サイドバー
　　[3]ヘッダー　　　　　　　[4]メインコンテンツ
B：[1]ナビゲーションバー　　　[2]サイドバー
　　[3]フッター　　　　　　　[4]メインコンテンツ
C：[1]グローバルバー　　　　　[2]サイドバー
　　[3]ヘッダー　　　　　　　[4]メインコンテンツ
D：[1]ナビゲーションバー　　　[2]サイドバー
　　[3]フッター　　　　　　　[4]センターエリア

第80問

Q：次の画像中の[1]と[2]に入る最も適切な語句をABCDの中から1つ選びなさい。

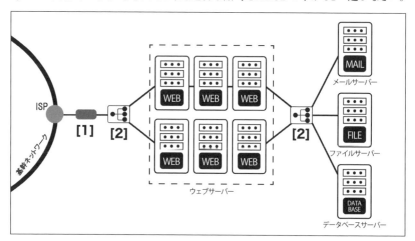

A：[1]LAN　　　　　　　　[2]モデム
B：[1]ルーター　　　　　　[2]ロードバランサー
C：[1]ロードバランサー　　[2]モデム
D：[1]LAN　　　　　　　　[2]ロードバランサー

（ウェブマスター）検定（3）級　試験解答用紙

AJSA　一般社団法人全日本SEO協会　All Japan SEO Association

フリガナ	
氏　名	

【試験時間】60分
【合格基準】得点率80%以上

【注意事項】
1. 受験する検定名と、級の数字を（ ）内に入れて下さい。
2. 氏名とフリガナを記入して下さい。
3. 解答欄から答えを一つ選び黒く塗りつぶして下さい。
4. 訂正は消しゴムで消してから正しい番号を記入して下さい。
5. 携帯電話、タブレット、PC、その他のデジタル機器の使用、書籍類、紙等の使用は一切禁止です。試験前に必ず電源を切って下さい。試験中不適切な行為があると試験官が判断した場合は退席して頂きます。その場合は試験は終了になります。
6. 解答中不適切な行為があると試験官が判断した場合は退席は出来ません。
7. 解答が終わったらいつでも退席出来ますが、退席する際その他の試験を受験する方は試験会場に認定証を郵送します。
8. 退席する時は試験官に解答用紙と問題用紙を渡して下さい。
9. 解答用紙を渡すまで途中退席は出来ません。退席される方は受験する他の試験の開始時刻の10分前までに試験会場に戻って下さい。
10. 同日開催されるその他の試験を受験する方は開始時刻の10分前までに試験会場に戻って下さい。
【合否発表】合否通知は試験日より14日以内に郵送します。合格者には認定証を同時に郵送します。

解答欄

（各設問 A / B / C / D の選択式マークシート　問1〜80）

付 録

ウェブマスター検定3級
模擬試験問題解説

第1問

正解B：ウェブサイトの制作に関してまったく知識がないと、経営環境の変化に対応することが難しい。

　「ウェブサイトの制作は専門家に任せたい……」という考えは間違ってはいません。しかし、「専門家に任せるので自分はウェブサイトの制作について勉強する必要はない」という考えは間違っています。なぜなら、そうした丸投げの姿勢を持つことは、集客力のあるウェブサイトを持てるかどうかがすべて運任せになってしまうからです。

　運良く優秀な専門家に出会うことができればよいですが、それができなかったら集客力のないウェブサイトを持つことになります。また、うまく行った場合でも、なぜそれがうまくいったのかがわからないため再現性がある成功体験を持つことができなく、経営環境が変化したらたちまち集客できないサイトを持つことになります。

第2問

正解C：ソーシャルメディアの合計フォロワー数1万人以上を達成する

　サイトゴールとはウェブサイトを持つことにより達成したい目標のことをいいます。より簡潔にいうと「ウェブサイトの目的」のことです。

　サイトゴールの例としては次のように、漠然としたものから、期限を切って、商材名、数値目標を含める非常に具体的なものまであります。

・実店舗に来店する顧客数を増やす
・商品の販売をオンラインで行い、売り上げ増を目指す
・オンラインでの受注を獲得する
・オンラインでの資料請求を獲得する
・実店舗に来店する顧客数を現在の3倍以上に増やす
・○○○シリーズの販売をオンラインで行い2年以内に年商20億円を目指す
・オンラインでの名刺デザインサービスの受注を1年以内に毎月平均150件獲得する
・オンラインでの資料請求を1年以内に月平均5000件超を獲得する

　選択肢のCはサイトではなく、ソーシャルメディアの目標なので、サイトゴールの例として適切ではありません。

第3問

正解D：一方的に高い目標を設定するのではなく、自社の強みや置かれている競争環境を考慮する必要がある。

　サイトゴールを設定した後は、実際にそれを達成することができるのかを、自社が置かれている競争環境に照らし合わせて判断する必要があります。自社の強みや置かれている競争環境を無視して、一方的に高い目標を設定しても、実現できなければ意味がありません。

第4問

正解B：ペルソナ

ペルソナとは、自社の商品・サービスのターゲットユーザーを詳細化して、架空の
ユーザー像に置き換えた人物像のことをいいます。ペルソナを設定することにより、ウェ
ブサイトのデザイン・コンテンツの方向性がさらに明確になり、集客効果の高いサイト
に近づけることが可能になります。

第5問

正解D：ユーザーがサイト全体で望むデザインを表にしたもの

サイト全体の構成案をわかりやすい図や表にしたものがサイトマップですが、他にも
2つの意味があります。1つ目の意味はサイトマップページのことです。

サイトマップページとは「HTMLサイトマップ」「ユーザー向けサイトマップ」とも呼ば
れるもので、サイト全体にどのようなページがあるかをサイト訪問者に示すリンク集ペー
ジという意味です。

また、SEO（検索エンジン最適化）におけるサイトマップとは「XMLサイトマップ」とも
呼ばれるもので、Googleなどの検索エンジンにサイト内にあるウェブページを登録して
もらうための各ページのURL情報を記録したXML形式のファイルの意味があります。
「XML」とは、文章の見た目や構造を記述するためのマークアップ言語の一種です。
主にデータのやり取りや管理を簡単にする目的で使われ、記述形式がわかりやすいと
いう特徴があります。

第6問

正解D：デザインカンプ

ワイヤーフレームは、抽象的なデザイン構成でしかありません。次のステップはワイ
ヤーフレームをもとにしてページデザインの最終型を決めます。ページデザインの最終
型を「デザインカンプ」と呼びます。

第7問

正解A：コンテンツは情報の中身のことで、ウェブサイトの成功に大きく影響する。

デザインカンプを作成した後、または作成をしている間に、各ページに掲載するコン
テンツを作成する必要があります。コンテンツとは情報の中身のことをいいます。

コンテンツの作成には、ウェブデザインと同じか、それ以上の時間がかかります。ウェ
ブサイトの成否はコンテンツの質により決まるといっても過言ではありません。

第8問

正解A：[1]基本構造　[2]装飾性　[3]動き

HTMLはウェブページの基本構造を表現するもので、CSSはそこに装飾性を加え
るものです。そこにさらに「動き」を与えるものが「クライアントサイドプログラム」と「サー
バーサイドプログラム」です。

第9問

正解A：サーバーサイドプログラム

　「サーバーサイドプログラム」とは、クライアント側のデバイス上ではなく、サーバー上で実行される「PHP」などのコンピュータプログラムのことです。

第10問

正解B：競合他社の製品よりも自社の製品を選択してもらう理由を与えること。

　ブランディングとは、消費者の心の中でブランドを形成することにより、特定の組織、企業、製品またはサービスに意味を与える取り組みです。これは、特定のブランドとそうでないものを明確にすることで、人々が自分のブランドを素早く認識して体験し、競合他社よりも自社の製品を選択する理由を与えるために設計された戦略です（出典：アメリカ・マーケティング協会）。

第11問

正解C：毎月3,000人以上のチャンネル登録者を獲得する

　「サイトゴール」とはウェブサイトを持つことにより達成を目指す目標のことをいいます。より簡潔にいうと「ウェブサイトの目的」のことです。サイトゴールの業種別の具体例としては次のようなものがあります。

●サイトゴールの業種別の具体例

業種	サイトゴールの具体例
小売業	・ECサイト（通販サイト）での年商50億円を達成する ・実店舗への送客により実店舗の売り上げを今期の2倍にする
製造業	・月平均の資料請求件数を30件以上獲得する ・求人の問い合わせ件数を月平均5件以上獲得する
法律事務所	・電話、またはフォームによる無料相談を月平均150件以上獲得する
経営コンサルタント	・新規の顧問契約を毎月20件以上達成する ・毎回40名以上の無料セミナーの申し込みを獲得する
ウェブ制作会社	・毎月の新規客獲得件数5社を達成する
歯科医院	・月平均の新患を50人以上にする ・毎月4名以上のインプラント治療の患者を獲得する
整体院	・来院する顧客数を現在の5倍以上に増やす
美容院	・月平均の予約件数200件を達成する
飲食店	・公式サイトからの月平均予約件を20件以上達成する
修理業	・月平均のiPhone修理の依頼件数を100件以上達成する ・月平均のiPad修理の依頼件数を20件以上達成する
工務店	・モデルハウスへの来客数を月平均30件以上獲得する ・リフォームの受注件数を月平均5件以上獲得する
不動産会社	・マンションとアパートの問い合わせ件数を毎月50件以上獲得する

第12問

正解A：[1]市場規模　[2]大きさ

　市場規模とは、その市場の大きさのことで、年間どのくらいの金額の売り上げが市場全体で発生しているか、または発生することが予想されるかというものです。

第13問

正解A：近い将来成長が止まるか、縮小するリスクがある

　市場の成長率が高いか低いかを知るだけでは正しい経営判断をするのには不十分です。その市場がなぜ成長しているのかという理由も知る必要があります。

　市場が成長していても、その理由が時間が経つにつれて弱まってしまうことや、完全になくなってしまうことがあります。そうなると過去には確かに成長してきたとしても、近い将来成長が止まる可能性があります。止まるだけではなく、急に縮小してしまうこともあり得ます。

第14問

正解D：Strength、Weakness、Opportunity、Threat

　「SWOT分析」とは、企業が戦略を立てるために、自社が置かれている経営環境を外部環境と内部環境をStrength（強み）、Weakness（弱み）、Opportunity（機会）、Threat（脅威）の4つの要素で分析するフレームワークを意味します。

第15問

正解B：[1]競合調査ツール　[2]月間アクセス数の推移　[3]流入キーワード

　競合サイトのアクセス状況を推測できる競合調査ツールを使えば、競合サイトの月間アクセス数の推移や、どのページが人気ページなのか、どんなSNSを活用してアクセス数を増やしているのか、検索エンジンでどんなキーワードで検索したユーザーがサイトを訪問したのかという流入キーワードまでをも知ることが可能です。

第16問

正解A：Business to Employee

　顧客に商品・サービスを販売するのではなく、社員の福利厚生や社内教育、社員間のコミュニケーションのためのサイトを作る場合は、Business to Employeeの略で企業対従業員のやり取りになりB2Eになります。

第17問

正解B：規模

　B2C（個人向けの商品・サービスの販売）においては、次のユーザー属性を設定することが一般的です。

・年齢

・性別

・職業

・居住地域

第18問

正解A：ハイレベルサイトマップは、ウェブサイトの企画段階のイメージ図で、主要なページをツリー型の図で表現するものである。

　ハイレベルサイトマップとは、サイト構造の全体的なイメージを関係者が共有するための図のことを意味します。ウェブサイトの企画段階でのイメージ図であるため、全ページを網羅するのではなく、主要なページをリストアップして、ツリー型の図で表現するものです。

第19問

正解C：フロアガイド、用語集ページ

　ウェブサイトに必要なページにはさまざまなものがあります。その中でも、企業の信頼性を高めるページには、次のものがあります。
・会社概要・店舗情報・運営者情報
・経営理念
・沿革
・物語
・組織図
・代表ご挨拶
・スタッフ紹介
・当社の特徴・選ばれる理由
・約束、誓い
・事例紹介
・メディア実績・講演実績、寄稿実績
・受賞歴・取得認証一覧
・ブランドプロミス
・社会貢献活動
・サステナビリティ

第20問

正解A：ユーザーが探している情報を見つけやすいページを設計し、サイトゴールを達成しやすくする

　ワイヤーフレームとはウェブページのレイアウトやコンテンツの配置を決めるシンプルな設計図のことです。実際にウェブページのデザインをする前に主要な要素をページのどこに、どの順番で配置するかを決めるものです。
　ワイヤーフレームを作る理由は次の通りです。
・発注者の意図を確認し、その意図を制作チームで共有する
・ユーザーが探している情報を見つけやすいページを設計し、サイトゴールを達成しやすくする

第21問

正解D：サイトゴールを確認する→ターゲットユーザーとペルソナを確認する→必要な情報要素をリストアップする→レイアウトを決める

　効果的なワイヤーフレームを作るには、次の手順を踏みます。

①サイトゴールを確認する。

②ターゲットユーザーとペルソナを確認する。

③必要な情報要素をリストアップする。

④レイアウトを決める。

第22問

正解A：[1]デザインカンプ　[2]ワイヤーフレーム

　デザインカンプとはDesign Comprehensive Layoutの略で、ウェブサイトの「完成見本」「デザイン案」のことで、サイト発注者と制作者がお互いにイメージをすり合わせるために使用されるものです。デザインカンプは、ワイヤーフレームをもとに作られます。ワイヤーフレームの段階ではページの基本的なレイアウトと情報要素の大体の配置だけを決めますが、デザインカンプでは色や使用する画像などの詳細を決めます。

第23問

正解C：HTMLのソースコードの書き方がきれいである

　UXとはUser Experienceの略でユーザー体験を意味します。ユーザーがウェブサイトを利用することにより得られる体験と感情のことです。ウェブサイトにおける良質なUXには次のようなものがあります。
・商品の申し込みが簡単にできる
・フォームの入力が簡単にできる
・デザインが美しくサイト内のいろいろなページが見たくなる
・ページの表示速度が速くてサクサク見られる
・使い心地がよい

第24問

正解A：[1]プロトタイプ　[2]試作品

　プロトタイプとは、制作物の「試作品」のことです。それ単体では動作しない「デザインカンプ」「モックアップ」と異なり、実際に操作して動作を確認できる部分的な試作品がプロトタイプです。システム開発の現場ではプロトタイプが制作されることはありますが、ウェブデザインでプロトタイプを作ることはあまりありません。

第25問

正解B：[1]ビジネス上のゴール　[2]独創的なデザイン

　デザイン性は確かにウェブデザインをするにあたり重要ですが、企業サイトのウェブデザインの最大の目的はサイトゴール、もっというとビジネス上のゴールを達成することです。独創的なデザインのサイトを作ることや発注主が個人的に好むデザインのサイトを作ることではありません。

第26問

正解D：ロゴが立体的ではなく、テキストで作りページの装飾性が非常に高いデザイン

　自社が置かれている業界の競合他社のサイトを観察すると、ウェブデザインのトレンドを知ることができます。ウェブデザインのトレンドは数年おきに変化します。その変化は他の業界で最初に起きて、その後自社の業界に徐々に波及するようになります。

　たとえば、スマートフォンが普及する前の時代にはPCサイトのデザイントレンドには次のような特徴がありました。

・ボタンリンクは立体的でキャンディーのようなグラデーションがかかった派手な色
・ロゴも立体的で凝ったデザイン
・見出し部分の文字がテキストではなく、画像で作り立体感がある凝ったデザイン
・ページの幅が当時のパソコン画面の幅が狭かったのでそれに対応して狭い

第27問

正解D：[1]解像度　[2]画像

　パソコンのモニターの解像度は数年おきに高くなり、横幅のピクセル数が増えていったため、最近のPCサイトのページの横幅はとても広くなってきています。それに伴い、ページ内に配置する画像のサイズが大きくなり画像に迫力が加わるようになりました。

第28問

正解A：シングルカラム

　シングルカラムのメリットは、サイドバーをなくすことでスッキリとして、メインコンテンツの幅が画面いっぱいに広がることです。そのためメインコンテンツ内の画像のサイズが大きくなり、見た目にインパクトがあり、訴求力が高くなることです。そして余計なコンテンツがないため、中身をじっくりと読んでもらえるというメリットもあります。

第29問

正解C：3カラム

　サイドバーがメインコンテンツの両横にあるウェブページは3カラム（スリーカラム）と呼ばれます。3カラムのメリットは、一度に多くの情報を表示させることができることです。　1つの画面にたくさんのリンク、バナーを載せることができるため、ユーザーが他のページに移動する確率が高まり回遊率が高まることが期待できます。

　一時期、3カラムのウェブページ、特にトップページが3カラムのウェブページが流行しました。しかし、3カラムのウェブページはたくさんの異なった情報を載せることができるという長所が短所にもなり、ごちゃごちゃした印象をユーザーに与える傾向があるため、最近では廃れている傾向にあります。

第30問

正解C：クローラー

　「クローラー」(crawler)とは、ウェブ上に存在するサイトを巡回してGoogleなどの検索エンジンの検索順位を決めるために必要な要素を収集するロボットプログラムのことを指します。

第31問

正解A：[1]ナビゲーション設計　[2]直帰率　[3]経済的損害

　ナビゲーション設計に失敗すると、サイトを訪問したユーザーは自分が探している情報を見つけることができなくなり、迷子になります。そしてサイトに対して「何がどこにあるのかがわからない」「このサイトはわかりにくい」という悪い印象を抱き、検索エンジンやこちらのサイトにリンクを張っているサイトに戻ってしまい直帰率が高くなります。このことによる経済的損害は計り知れないほど大きなものになります。

第32問

正解A：[1]スマートフォン　　　　[2]表示速度を速くする

　スマートフォンが普及したことにより、サイトの表示速度を速くするため、モバイルサイトには画像を使わずにテキストでリンクを張ることが増えました。その影響でPCサイトのナビゲーションバーにもリンクボタンを使わずにテキストリンクを作成するサイトが増えるようになりました。

第33問

正解C：[1]ポップアップメニュー　　[2]ドロップダウンメニュー

　ポップアップメニューとは、ドロップダウンメニューとも呼ばれるもので、メニュー項目にマウスを合わせたとき、またはクリックしたときにサブメニューが飛び出すように表示するメニューのことです。

　ポップアップメニューを使用することで、たくさんのページにリンクを張ることが可能になります。リンク先のページが7つ程度の場合は必要ありませんが、それ以上のリンク先ページがある場合に便利なメニューです。

第34問

正解B：[1]ハンバーガー　[2]3本線

　「ハンバーガーメニュー」とは、3本線のアイコンを使ったナビゲーションメニューのことで、スマートフォンではタップ、パソコンではクリックするとメニュー項目が表示されるものです。3本線のデザインがハンバーガーの形に見えることからハンバーガーメニューと呼ばれます。

第35問

正解D：サイトマップ型とローカルメニュー型

　サイドバーのリンク先にはサイトマップ型とローカルメニュー型という2つのパターンがあります。

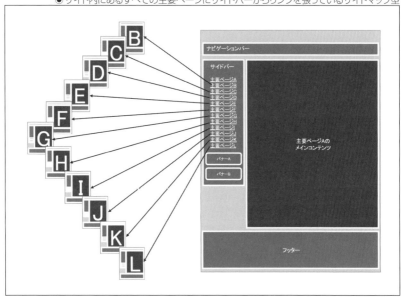

●サイト内にあるすべての主要ページにサイドバーからリンクを張っているサイトマップ型

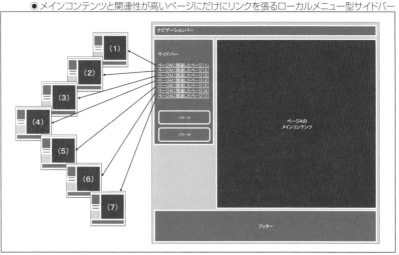

●メインコンテンツと関連性が高いページにだけにリンクを張るローカルメニュー型サイドバー

第36問

正解B：直感的

　パンくずリストは、ユーザーがサイト内のどの位置、階層にいるのかを直感的に示すテキストリンクのことをいいます。名称の由来は童話「ヘンゼルとグレーテル」で、森の中で帰り道がわかるようにパンくずを少しずつ落としながら歩いたというエピソードから来ています。サイトを訪問したユーザーはパンくずリストを見ることにより、現在自分がサイト内のどこにいるのかがわかるので、迷子になることを防ぐ効果があります。

第37問

正解C：カラー設計は、色の各性質を利用し、ユーザー体験を快適にすることを目指す。

　ワイヤーフレームはページ内の大体の構成を決めるだけなので、白黒で作成できますが、デザインカンプはウェブデザインの最終案であるため各ページのカラー設計をしなくてはなりません。カラー設計とは、色彩設計、カラースキームとも呼ばれるもので、色の持つ心理的、生理的、物理的な性質を利用して、まとまりのある雰囲気を作るなど、目的に合った配色を行うことでユーザー体験を快適にすることを目指すものです。

第38問

正解B：[1]イメージ　[2]心理的、生理的

　ユーザーは自社のサイトだけを見るのではなく、自社と競合する同業他社のサイトも見るはずです。そのため、その業界のイメージとまったく合わない色使いをしているサイトを作ってしまうとユーザーが心理的、生理的に拒絶するというリスクが生じます。

第39問

正解B：赤色

　会社案内を目的にするコーポレートサイト、ショッピングができるECサイト、女性向け商材のサイトなどそれぞれ独特の色使いがあります。色にはそれぞれ意味があるので色の意味を知り、ターゲットユーザーが抱くイメージを想像してカラーを選びましょう。

●色の特徴

色	色の印象	ジャンル
黒色	高級感、重厚感、堅実、権力、優雅、気品、信用、男性的、夜、恐怖、死	高級車、高級品、ファッション、美容、買い取り、葬儀
赤色	生命力、エネルギー、熱さ、活力、強さ、情熱、興奮	結婚、ブライダル、出会い、教育、食品、飲食
青色・紺色	信頼感、技術力、知性、海、空、アウトドア、男性的、清潔感、寒さ	企業、団体、製造業、旅行、医療、教育、スポーツ、自動車、バイク、海、士業
水色	海、水、空、信頼感	スポーツ、旅行、海、士業、医療、介護、福祉、美容
茶色	自然、温もり、落ち着き	建築、自然素材、食品、飲食
黄色	食べ物、明るい、愉快、元気、軽快、若い、希望、無邪気、注意	食品、飲食、工事、デザイン、娯楽、子供
緑色・黄緑色	自然、成長、喜び、健康、安らぎ、安心、安全	建築、教育、士業、食品、飲食、医薬品、サプリメント
オレンジ色	食べ物、親しみやすい、安い	食品、飲食、士業
ピンク色	女性的、美しい	医療、介護、福祉、ファッション、美容、エステ
パステルカラー	明るい、楽しい	幼稚園、保育園、ベビーグッズ、美容、エステ
ベージュ	優しい	医療、介護、福祉
灰色	モダン、上品、スタイリッシュ、不安、あいまい	企業、機械、建築
紫色	高貴、上品、冷静、大人っぽい、神秘的、神聖、不吉	高級品、美容、葬儀
ゴールド	高級、豊かさ、富、権力	高級品、買い取り
白色	清潔、純粋、無垢、雪、雲、牛乳、神聖、新しさ	結婚、ブライダル

第40問

正解D：ゴールド

「高級、豊かさ、富、権力」を示す色の印象はゴールドだといわれています。

第41問

正解B：パケット通信によるコンピュータネットワーク

インターネットの歴史はその前身であるARPANETの誕生からスタートしました。ARPANETは、1960年代に開発された、世界で初めて運用されたパケット通信によるコンピュータネットワークです。最初は米国の4つの大学の大型コンピュータを相互に接続するという小規模なネットワークでしたが、その後、世界中のさまざまな大学などの研究機関が運用するコンピュータがそのネットワークに接続するようになり、情報の交換が活発化しました。その後、1970年代にTCP/IPという情報交換のための通信プロトコル（インターネット上の機器同士が通信をするための通信規約（ルール）のこと）が考案され、インターネットと呼ばれるようになりました。

◉初期インターネットの概念図

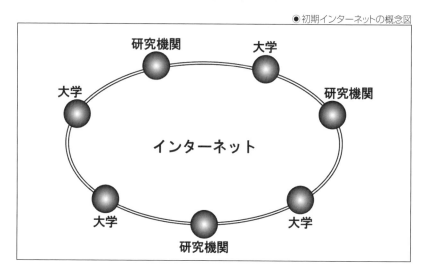

第42問

正解C：Telnetにより誰もがコンピュータを利用できる環境が整った。

Telnet とはTeletype networkの略でテルネットと発音します。Telnetは遠隔地にあるサーバーやネットワーク機器などを端末から操作する通信プロトコル（通信規約）です。これによりユーザーは遠方にある機器を取り扱おうとする際に、長距離の物理的な移動をしなくて済むようになりました。

当時は、パーソナルコンピューターが普及しておらず、誰もがコンピュータを利用できる環境にいなかったため、Telnetの発明によりコンピュータを遠隔地から利用するユーザーが増えてコンピュータの普及に貢献することになりました。

●Telnetのイメージ図

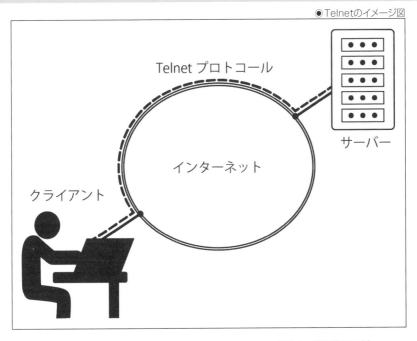

Telnet プロトコール

サーバー

インターネット

クライアント

●Telnetの操作画面例

第43問

正解C：NNTPとはNetwork News Transfer Protocolの略で、ネットワーク上で記事の投稿や配信、閲覧などを行うための通信プロトコルの1つである。

　NNTPとはNetwork News Transfer Protocol（ネットワークニューストランスファープロトコル）の略で、ネットワーク上で記事の投稿や配信、閲覧などを行うための通信プロトコルの1つです。NNTPによって構築された記事の蓄積・配信システムをNetNews（ネットニュース）あるいはUsenet（ユーズネット）といいます。

　記事は電子メールのメッセージのように文字や画像などの添付ファイルから構成されるものでした。NetNewsはウェブが普及する以前の1980年代後半から1990年代前半に活発に利用されました。当時のインターネットの主な利用者であった大学や研究機関、企業の研究所などに所属する人々の間で情報交換や議論などが行われましたが、電子掲示板やSNSなど、同様の機能を持つサービスやアプリケーションに次第に取って代わられました。しかし、このときの技術と経験が活かされ、後のSNSへとその役割は引き継がれていきました。

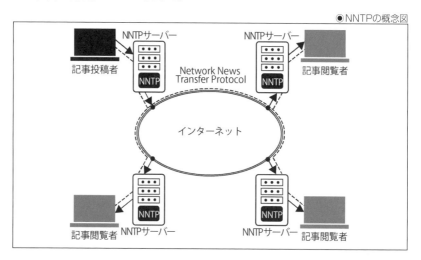

●NNTPの概念図

第44問

正解C：siteとは英語で敷地、場所という意味で、企業や政府、団体、個人がウェブ上で情報発信を行うための情報拠点として使用されるものである。最初に公開されたウェブサイトは、ウェブを考案したティム・バーナーズ=リー博士によるもので1991年に公開された。

　ウェブサイトとは、ウェブ上に存在するウェブページの集合体のことです。ウェブページのファイルはHTML（HyperText Markup Language）という言語で作成されます。ウェブサイトはウェブサーバー上に設置されることによりクライアント側であるユーザーが閲覧できるようになります。

　siteとは英語で敷地、場所という意味で、企業や政府、団体、個人がウェブ上で情報発信を行うための情報拠点として使用されるものです。最初に公開されたウェブサイトは、ウェブを考案したティム・バーナーズ=リー博士によるもので1991年に公開されました。

第45問

正解D：[1]ディレクトリ型　[2]ロボット型

　ウェブの発達とともにウェブサイトの数は爆発的に増えました。しかし、数が増えれば増えるほど、ユーザーが探している情報を持つウェブサイトを見つけることが困難になりました。こうした問題を解決するために数多くの検索エンジンが作られました。

　検索エンジンにはウェブ上で発見されたウェブサイトの情報が1つひとつ追加されていき、ユーザーはキーワードを入力することにより瞬時に検索することができるようになりました。

　ウェブ誕生当時は、検索エンジンには2つの形がありました。1つは人間が目で1つひとつのウェブサイトを見て編集するディレクトリ型検索エンジンで、もう1つはソフトウェアが自動的に情報を収集して編集するロボット型の検索エンジンです。

第46問

正解D：SMTPのプロトコルでクロールするため、人的に管理する検索エンジンと比べると情報を取得するスピードが速い

　ロボット型検索エンジンのメリットは次の点です。

・ウェブサイト単位だけでなくウェブページ単位で登録するため、特定のキーワード検索にマッチしたウェブページが表示される。

・定期的にクローラーがインターネットを巡回することで比較的新しいウェブページが登録されている。

・常に複数のクローラーがインターネットを巡回し、自動的に情報を取得するため、大量のウェブサイト、ウェブページの情報がデータベースに登録されている。

第47問

正解C：[1]水平検索　[2]垂直検索

　Googleなどの総合的な情報を取り扱う検索サイトでは広く浅い情報からキーワード検索をするため「水平検索」と呼ぶ一方、特定のカテゴリを細かく条件付けして深堀りした検索をすることを「垂直検索」と呼びます。

第48問

正解B：[1]消費者　[2]企業　[3]消費者

　電子掲示板の登場により初めて消費者が自由に自分たちの意見を投稿し自由な発言をすることが可能になりました。それにより消費者の率直な商品・サービスへの感想や、企業がどのような顧客対応をしているかが透明化され、消費者が購入決定をする際の判断材料として利用されるようになりました。

第49問

正解A：比較サイト、口コミサイト、ランキングサイト

　ウェブサイトの数が爆発的に増えた結果、消費者は1つひとつのウェブサイトに対して長い時間をかけて情報を収集し、比較検討することが困難な状況に陥るようになりました。その結果、あらかじめ編集者が膨大な情報を精査し、消費者が比較検討をしやすくするための判断材料を提供する比較サイト、口コミサイト、ランキングサイトの人気が高まるようになりました。

第50問

正解B：レスポンシブウェブデザイン

　スマートフォンが誕生した当初はスマートフォン専用サイトとデスクトップ（パソコン）専用のウェブサイトをそれぞれ別に作る形が主流でした。しかし、時間とともに1つのウェブサイトが画面の大きさに応じて伸縮し、画像を出し分けるレスポンシブウェブデザインという技術で作ることが大勢を占めるようになり、一度の手間でパソコンで見るサイトとスマートフォンで見るサイトの両方を作成できるようになりました。

第51問

正解B：モールでは名前を売るのではなく、とにかく商品を売ることを当面の目標にする

　オンラインショッピングモールを利用する際の注意点には次のようなものがあります。
・モール内での競争が激しいので自社オリジナル商品を出品しないと儲けが少ない
・出品数を増やさないと露出が増えない
・レビューを増やさないと露出が増えない
・モール側のルールに従わなければならない
・モール側が各種料金の値上げや新しいサービスを始めてその費用を請求することがある
・モールでは商品を売るのではなく、名前を売ることを当面の目標にする

第52問

正解C：0.1人から1人

　無料ユーザー向けメールマガジンは顧客向けメールマガジンとは違い、読者は一度もメールマガジンを配信する企業と取引をしていません。そのため、顧客向けメールマガジンほどの成約率はありません。

　しかし、ソフトウェアを販売する企業が、有料ソフトの無料版ソフトを作り、提供した場合はもともとそのソフトに関心のあるユーザーだけが無料版ソフトを利用するので有料ソフトの購入に関心を持っている確率は非常に高くなります。

　また、ポータルサイトや求人サイトへの無料掲載サービスにおいても、ユーザーが無料掲載を申し込んだポータルサイトや求人サイトへの関心は高いため、有料掲載サービスを利用する可能性は高い傾向があります。

　そのため、無料ユーザー向けメールマガジンの読者にメールマガジン記事内で有料サービスを告知したときの成約率は、100人にメールマガジンを配信したら0.1人から1人の確率での購入が期待できます。つまり成約率0.1％から1％程度を期待できる費用対効果が高い集客手段です。

第53問

正解A：キャンペーン情報、無料サービスの提供、優良顧客の詳しい情報

　ソーシャルメディアを使えば、自社独自でシステム開発費を払わなくても無料で情報発信ができます。SNSに企業が投稿する情報としては次のものがあります。
・ウェブサイトの更新情報
・ブログの更新情報
・スタッフの日常報告
・無料お役立ち情報
・無料サービスの提供
・イベント情報
・プレゼント情報
・アンケート募集案内
・マスコミの取材報告
・ユーザー紹介・お客様紹介
・商品・サービスの活用事例
・商品・サービスの活用方法
・キャンペーン情報
・商品・サービス情報

第54問

正解D：販売価格のコントロールと代理店の離反

　販売代理店制度を作り、他社のウェブサイト上で商品・サービスを販売してもらうという手法があります。このやり方を採用すれば、自社のウェブサイトを持たなくても、あるいはウェブサイトの更新に力を入れなくてもウェブを活用して売り上げを増やすことが可能です。しかし、販売代理店制度を活用してウェブでの売り上げを増やすには特に次の点に留意する必要があります。
・販売価格のコントロール
・代理店の離反

第55問

正解B：SNSを使わなくてもよくなる

　SEO（検索エンジン最適化）のメリットには次のようなものがあります。
・広告費をかけなくても集客ができる
・ブランディング効果がある
・継続的な集客が見込める

第56問

正解B：SVC

　ウェブページで一般的に使用される画像ファイルには主に5種類があり、画像編集ツールで作成します。
・JPEG　　　・PNG
・GIF　　　　・SVG
・WebP

第57問

正解C：パソコンの機種やプリンターによってレイアウトやフォントが制作者が意図したものとは異なったものが表示されることがないから

　　PDFは、Portable Document Formatの略で、データを実際に紙に印刷したときの状態を、そのまま保存することができるファイル形式です。作者が意図したレイアウトやフォントなどがそのまま保存され、どんな環境のパソコン、タブレット、スマートフォンで開いても、同じように見ることができる、電子書類です。

　　PDFが登場するまではパソコンで書類ファイルを開くと、パソコンの機種やプリンターによってレイアウトやフォントが制作者が意図したものとは異なったものが表示されるのが当たり前だったため、PDFは非常に画期的なファイル形式となり広く普及するようになりました。

　　HTMLで作成されるウェブページはブラウザで閲覧するものですが、PDFファイルはブラウザ以外にも、デバイスにインストールされたPDFソフトで閲覧することができます。PDFファイルの作成はほとんどのアプリケーションでできますが、専用のPDF作成ツールであるAdobe Acrobat Proなどでも作成できます。

第58問

正解B：ヘッダーメニュー

　　ナビゲーションバーとはウェブサイト内にある主要なページへリンクを張るメニューリンクのことです。主要なページへリンクを張ることからグローバルナビゲーションとも呼ばれます。通常は、全ページのヘッダー部分に設置されます。そのことからヘッダーメニュー、ヘッダーナビゲーションと呼ばれることもあります。

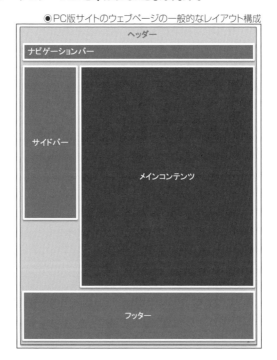

◉PC版サイトのウェブページの一般的なレイアウト構成

第59問

正解A：3カラムのウェブページが一時期流行ったが、その後シングルカラムのウェブページが増えた。

　一時期、3カラムのウェブページ、特にトップページが3カラムのウェブページが流行しました。しかし、3カラムのウェブページはたくさんの異なった情報を載せることができるという長所が短所にもなり、ごちゃごちゃした印象をユーザーに与える傾向があるため、最近では廃れてきています。その後は2カラムのウェブページが増え、最近ではモバイルサイトの普及が影響しているためシングルカラムのウェブページが急速に増えています。

第60問

正解C：トップページのデザインでは目次的な役割とブランディングのバランスが重要で、どちらか一方の役割を過度に重視するとユーザー体験が損なわれる可能性がある。

　トップページの役割の1つはサイト内の目次としてのような役割であり、もう1つの役割はサイト全体の顔としての役割です。サイトを訪問したユーザーにどのような企業なのか、どのような店舗なのかという印象を与えるというブランディングをする役割です。そのために趣向を凝らしたキャッチコピーや説明文、インパクトのある画像を掲載し、最近では商品・サービスや企業そのものを紹介する動画を掲載するケースが増えています。

　これら2つの役割のバランスを取ることがトップページのデザインでは重要です。目次的な役割ばかりを重視すると企業のブランディングをするためのグラフィックデザインがなおざりになり企業イメージが損なわれます。

　反対に、サイト全体の顔としての役割ばかりを重視すると見た目はよいデザインのサイトでも、ユーザーにとって使いにくいトップページになってしまいます。

第61問

正解B：各サービスを詳しく説明し、見込み客からの問い合わせを増やす

　法律事務所や、行政書士事務所などの士業のサイトや、ウェブ制作会社やカウンセリング事務所、病院・クリニック、整体院などのサービス業のサイトにはサービス案内ページ、またはサービス販売ページがあります。

　サービス案内ページには、どのようなサービスを提供しているのか、提供している1つ1つのサービスを詳しく説明します。そうすることにより、見込み客からの問い合わせを増やすことや来店を促すことが可能です。

　また、サービスの案内をするだけでなく、サイト上で申し込み、予約ができるようにするサービス販売ページを持つサイトもあります。申し込み時、予約時にクレジットカードなどで決済が完了するサービス販売ページを持てばサイト上で即時に売り上げを立てることが可能になります。

第62問

正解D：<meta name="robots" content="noindex">

　検索エンジンの自然検索欄に表示されるページと広告専用ページの内容が重複すると自然検索での検索順位が下がってしまうため、広告専用ページのHTMLソース内に「<meta name="robots" content="noindex">」というような検索エンジンに登録しないためのタグを記載することがあります。

第63問

正解A：事例紹介ページ

　サイトからの売り上げを増やすために有効な手段の1つとして、事例をたくさん見せるというのがあります。事例紹介ページが成約率を高める効果がある理由は、これまで見たことのない知名度の低い企業のウェブサイトをユーザーが見たとき、不安を感じるからだと考えられます。そうしたユーザーの不安を払拭するのに役立つのが事例紹介ページです。

第64問

正解B：企業名、代表者名、事業所の所在地、電話番号、メールアドレス、事業内容一覧

　企業のウェブサイトのページの中でも必須のページであり、法人の場合は会社概要、企業情報などと呼ばれ、店舗のウェブサイトの場合は店舗情報、個人が運営しているブログなどでは運営者情報と呼ばれるページです。

　掲載する内容は、企業名（店舗名、サイト名またはブログ名）、代表者名、事業所の所在地、電話番号、メールアドレス、そして事業内容一覧などを載せることがあります。また、政府からの許認可が必要な業界では許認可番号や保有資格、認証機関からの認証番号、所属団体名、所属学会名を記載している企業も多数あります。

第65問

正解B：このページは、企業の取り組みや理念、目標などを伝えるためのものである。

　代表ご挨拶ページでは、企業の代表が何のためにどのような取り組みを企業として行っているのか、企業の理念や目標などを伝えるページです。商品・サービスの購入を検討している見込み客だけでなく、求人の応募を検討している求職者や、銀行の融資担当者、投資家たちも注目するページです。

　文章だけでなく、極力代表者の写真も掲載すると隠しごとのない、オープンな企業だという好印象を与えることが可能になります。

第66問

正解B：サービスの流れを説明するページ

　サービス業の中には、ユーザーが申し込みをしてからサービスの提供が完了するまでのイメージが湧きにくいものがあります。そうした業種のサイトからの離脱、失注を防止するためにサービスの流れを説明するサイトが多数あります。

第67問

正解C：資料請求と同時にPDF形式で資料をダウンロード可能にする。

　いきなりユーザーが商品・サービスを申し込むのが難しい高額な教育サービスや設備の販売、建築サービスを提供する業界では、事前に紙の資料を請求することが慣習化されています。そうした業界の場合は、見込み客が知りたそうな情報を事前に何ページかの紙の資料に掲載して準備をします。そして資料請求が来たら迅速に郵送し、その後、フォローアップの電話かメールを出すことが受注率を高めることになります。

　しかし、近年では、紙の資料だけでなく、その資料のデータをPDF形式で出力して、急いでいる見込み客が資料請求と同時にダウンロードできるようにすることが効果的になってきています。

第68問

正解D：[1]過去の購入履歴が閲覧できること　[2]メールマガジン　[3]販促メール

　サイト上でユーザー登録するユーザー側のメリットとしては、過去の購入履歴が閲覧できることや、請求書や領収書をログイン後の画面で好きなときに閲覧し、印刷やPDFファイルとして出力できるというものもあります。

　サイト運営者側のメリットとしては、登録されたメールアドレスに向けてメールマガジンなどの販促メールを送信することが可能になることです。

第69問

正解D：ASPサービス

　ASPにはいくつかの意味があるが、ASPサービスとは、インターネットを通じて遠隔からソフトウェア、ツールをユーザーが利用することを可能にするサービスのことです。

第70問

正解C：WordPressを使えるデザイナー、エンジニアが多い、動画との相性が良い

　WordPressはもともと個人の日記やニュースを配信するブログシステムとして生まれ普及しましたが、今日では企業が自社商品・サービスの見込み客を集客するためのウェブサイトとしても利用されています。

　WordPressが普及した理由としては次のような非常に多くのメリットがあるからです。

・インストールが簡単
・操作が簡単
・テーマを変更することにより、デザインのリニューアルができる
・プラグインを使うことにより、たくさんの機能を追加できる
・SEOとの親和性が高い
・WordPressに関する書籍や解説サイトが多い
・WordPressを使えるデザイナー、エンジニアが多い
・無料で利用できる

第71問

正解C：プレゼンテーションサーバー（アプリケーション層）

ウェブサイトを公開するためのサーバーは主に次の3つの層に分かれています。
・ウェブサーバー（プレゼンテーション層）
・アプリケーションサーバー（アプリケーション層）
・データベースサーバー（データ層）

第72問

正解B：24時間

DNSの設定が完了すると世界中のサーバーに情報が反映されるのに平均24時間前後かかります。

情報が反映されるとブラウザにドメイン名を入力するとウェブサイトが見られるようになります。世界中のすべてのサーバーに一斉に情報が反映されないため、DNSの設定直後は、自分のデバイスではウェブサイトが閲覧できても遠隔地からインターネット接続している他人のデバイスでは閲覧できないという時差が生じます。

第73問

正解A：[1]Googleビジネスプロフィール　[2]支店

Googleビジネスプロフィールとは、Google検索に表示される地図欄に自社情報を登録するものです。Googleビジネスプロフィールに自社の情報や、支店がある場合は、各支店の情報を登録すると自社情報が表示され、「ウェブサイト」という欄から自社サイトにリンクを張ることができます。

第74問

正解B：ケーブルTV会社と通信キャリアがISPと回線事業者の双方の役割を果たしている。

近年では回線とインターネット接続サービスの両方を同時に提供するケーブルTVと契約した際や、スマートフォンを使った通信サービスを契約した際には回線事業者とISPを別々に契約することなく一定の通信料金をケーブルTV会社や、ドコモ、au（KDDI）、ソフトバンクなどの通信キャリアに支払うことによりインターネット接続ができるようになりました。こうしたシンプルなサービスが普及するにつれてユーザーの利便性が増すようになり、そのことがウェブの普及を推し進めることになりました。

第75問

正解C：さまざまなデータファイルが格納されているサーバー

ファイルサーバーは、さまざまなデータファイルが格納されているサーバーです。

第76問

正解B：ウェブは国境や特定の組織に制約されず、グローバルなネットワークである。

　ウェブは、パソコン通信のような特定の企業が運営するのではなく、たくさんの企業が自由に参入でき、世界中にインターネット回線網を敷くことにより国境を越えたグローバルな世界ネットワークに発展しました。そして特定の国の政府だけが管理するものではないというボーダレスなネットワークであるという点もその発展の要因となりました。

　これによりインターネット回線に接続するユーザーは世界中のさまざまなジャンルの情報をパソコンなどの情報端末を使うことにより瞬時に取得できるという利便性を手に入れることになりました。

第77問

正解B：ウェブ1.0は一部の人たちによる一方的な情報発信の形をとっていた。

　ウェブ1.0はウェブを使った情報発信の方法を知る一部の人たちによる一方的な情報発信でした。ウェブ1.0は1990年代終わりまで続いたテキスト情報中心のウェブサイトの閲覧という形の一方通行のコミュニケーションの形を取ったものでした。

第78問

正解D：アフィリエイター

　アフィリエイト広告とは、ユーザーが広告をクリックし、広告主のサイトで商品購入、会員登録などの成果が発生した際、その成果に対して報酬を支払う成果報酬型の広告です。

　アフィリエイト広告を掲載できるメディアには、大手マスメディアのサイトや、比較サイト、個人のアフィリエイターのブログ、そしてInstagram、TwitterなどのSNSなどがあります。

　アフィリエイト広告はリスティング広告とは違い、単にユーザーが広告をクリックだけで料金が発生するものではなく、商品購入、会員登録などの成果が発生した場合にだけ料金が発生するため企業にとって費用対効果が高い広告です。

　アフィリエイト広告を利用しようとするほとんどの企業はASPを利用します。ASPとは、アフィリエイトサービスプロバイダー（Affiliate Service Provider）の略で、広告主とアフィリエイターを仲介する企業のことです。

第79問

正解B：[1]ナビゲーションバー　[2]サイドバー　[3]フッター　[4]メインコンテンツ

　ナビゲーションバーとはウェブサイト内にある主要なページへリンクを張るメニューリンクのことです。主要なページへリンクを張ることからグローバルナビゲーションとも呼ばれます。通常は、全ページのヘッダー部分に設置されます。そのことからヘッダーメニュー、ヘッダーナビゲーションと呼ばれることもあります。

　サイドバーとはメインコンテンツの左横か、右横に配置するメニューリンクのことでサイドメニューとも呼ばれます。かつてはメインコンテンツの左横にサイドバーを配置するページレイアウトが主流でした。しかし、近年ではメインコンテンツを読みやすくするためにメインコンテンツの右横に配置するページレイアウトが増えてきています。特にブログのウェブページのほとんどは右にサイドバーが配置される傾向があります。

　フッターとはメインコンテンツの下の部分で全ページ共通の情報を掲載する場所です。フッターには各種SNSへのリンク、サイト内の主要ページへのリンク、自社が運営している他のウェブサイトへのリンク、注意事項、住所、連絡先、著作権表示などが掲載されていることがよくあります。

　メインコンテンツとはウェブページの中央にある最も大きな部分で、そのページで見るユーザーに伝えたい主要なコンテンツ（情報の中身）を載せる部分です。メインコンテンツには文章だけでなく、画像、動画、地図などを載せることができます。

第80問

正解B：[1]ルーター　[2]ロードバランサー

　ルーターとは、コンピュータネットワークにおいて、データを2つ以上の異なるネットワーク間に中継する通信機器です。高速のインターネット接続サービスを利用する現在では家庭内でも複数のパソコンやスマートフォン、その他インターネット接続が可能な情報端末を同時にインターネット接続する際に一般的に用いられるようになりました。無線でLAN接続する際には無線LANルーター（Wi-Fiルーター）が用いられています。

　データベースサーバーは、データベースが格納されているサーバーです。これらのサーバー群がロードバランサー（負荷分散装置）に接続され、インターネットユーザーがウェブサイトやその他ファイルを利用します。

AJSA 一般社団法人 全日本SEO協会 All Japan SEO Association

（　）検定（　）級　試験解答用紙

フリガナ	
氏　名	

【試験時間】60分
【合格基準】得点率80%以上

【注意事項】
1. 受験する検定名と、級の数字を（　）内に入れて下さい。
2. 氏名とフリガナを記入して下さい。
3. 解答欄から答えを一つ選び黒く塗りつぶして下さい。
4. 訂正は消しゴムで消してから正しい番号を記入して下さい。
5. 携帯電話、タブレット、PC、その他デジタル機器の使用、書籍、紙等の使用は一切禁止です。試験前に必ず電源を切って下さい。
6. 試験中不適切な行為があると試験官が判断した場合は退席して頂きます。その場合退席は試験は終了になります。
7. 解答が終わるまで途中退席は出来ません。
8. 退席する時は試験官に解答用紙と問題用紙を渡して下さい。退席される方は開始時刻の10分前までに試験会場に戻って下さい。
9. 解答用紙を試験官に渡したらその後試験の継続は出来ません。
10. 同日開催される他の試験を受験される方は開始時刻の10分前までに試験会場に戻って下さい。
【合否発表】合否通知は試験日より14日以内に郵送します。合格者には同時に認定証も郵送します。

	解答欄		解答欄		解答欄		解答欄		解答欄		解答欄
1	A B C D	15	A B C D	29	A B C D	43	A B C D	57	A B C D	71	A B C D
2	A B C D	16	A B C D	30	A B C D	44	A B C D	58	A B C D	72	A B C D
3	A B C D	17	A B C D	31	A B C D	45	A B C D	59	A B C D	73	A B C D
4	A B C D	18	A B C D	32	A B C D	46	A B C D	60	A B C D	74	A B C D
5	A B C D	19	A B C D	33	A B C D	47	A B C D	61	A B C D	75	A B C D
6	A B C D	20	A B C D	34	A B C D	48	A B C D	62	A B C D	76	A B C D
7	A B C D	21	A B C D	35	A B C D	49	A B C D	63	A B C D	77	A B C D
8	A B C D	22	A B C D	36	A B C D	50	A B C D	64	A B C D	78	A B C D
9	A B C D	23	A B C D	37	A B C D	51	A B C D	65	A B C D	79	A B C D
10	A B C D	24	A B C D	38	A B C D	52	A B C D	66	A B C D	80	A B C D
11	A B C D	25	A B C D	39	A B C D	53	A B C D	67	A B C D		
12	A B C D	26	A B C D	40	A B C D	54	A B C D	68	A B C D		
13	A B C D	27	A B C D	41	A B C D	55	A B C D	69	A B C D		
14	A B C D	28	A B C D	42	A B C D	56	A B C D	70	A B C D		

■編者紹介

一般社団法人全日本SEO協会

2008年SEOの知識の普及とSEOコンサルタントを養成する目的で設立。会員数は600社を超え、認定SEOコンサルタント270名超を養成。東京、大阪、名古屋、福岡など、全国各地でSEOセミナーを開催。さらにSEOの知識を広めるために「SEO for everyone! SEO技術を一人ひとりの手に」という新しいスローガンを立ててSEOの検定資格制度を2017年3月から開始。同年に特定非営利活動法人全国検定振興機構に加盟。

●テキスト編集委員会

【監修】古川利博／東京理科大学工学部情報工学科　教授

【執筆】鈴木将司／一般社団法人全日本SEO協会　代表理事

【特許・人工知能研究】郡司武／一般社団法人全日本SEO協会　特別研究員

【モバイル・システム研究】中村義和／アロマネット株式会社　代表取締役社長

【構造化データ研究】大谷将大／一般社団法人全日本SEO協会　特別研究員

【システム開発研究】和栗実／エムディーピー株式会社　代表取締役

【DXブランディング研究】春山瑞恵／DXブランディングデザイナー

【法務研究】吉田泰郎／吉田泰郎法律事務所　弁護士

編集担当 ： 吉成明久 / カバーデザイン ： 秋田勘助（オフィス・エドモント）

ウェブマスター検定 公式問題集 3級
2024・2025年版

2023年10月20日　初版発行

編　　者	一般社団法人全日本SEO協会
発行者	池田武人
発行所	株式会社　シーアンドアール研究所
	新潟県新潟市北区西名目所4083-6（〒950-3122）
	電話　025-259-4293　FAX　025-258-2801
印刷所	株式会社　ルナテック

ISBN978-4-86354-429-1　C3055

©All Japan SEO Association, 2023　　　　　Printed in Japan